化粧品のレオロジー

名畑嘉之

米田出版

はじめに

　化粧品では，肌上に塗布した後の見栄えの制御や肌ケアなどの機能性能の実現のために，お互いに混じり合わない液体成分や密度違いの種々の成分を，増粘技術や乳化・分散技術などを駆使して共存させています．しかし種々な成分を共存させることは，経時での外観変化の抑制，すなわち保存安定性の確保という新たな課題を生み出します．また，配合処方の変更による機能性能の向上を目指したことにより，レオロジー特性が変化し，使用感触の悪化を引き起こすこともあります．一方で，化粧品製剤の容器中での外観，使用時の感触制御，および保存安定性のさらなる向上のために，様々な増粘技術が積極的に使われています．

　化粧品にとって主機能（美的機能，ケア機能）で優れることは当然重要ですが，使用感触の良さや経時保存での安定性の良さがないことには，購入・使用の継続は期待できません．増粘技術の良し悪しは後者を支えるための鍵となります．乳化・分散技術や各種増粘技術により実現できるレオロジー特性の特徴とその発現機構を理解することは，化粧品製剤の効率的な設計や感触などの新たな差別化を実現するのに大いに役立つものと考えられます．しかしながら，主な化粧品の製剤形である乳化製剤，分散製剤および両者が合わさったような乳化・分散製剤については，配合成分の多さと構造の複雑さからか，その構造とレオロジー特性についての系統的な研究が遅れています．また，化粧品で使われる増粘技術についても，系統だったレオロジー視点での整理がなされていないようです．

　筆者はこの10数年，化粧品開発に関わる諸課題の解決についてレオロジーからのアプローチを行ってきました．その過程で，化粧品開発の分野へのレオロジー手法の応用可能性の大きさや，化粧品のレオロジーに興味を持たれる方が多いことを実感する一方で，平易で実用的な入門書がないことを感じてきました．

はじめに

　本書は化粧品開発や製造に携わることになった方やレオロジーに興味のある方々を対象に，化粧品と関わることにより経験すると思われる現象や疑問を例にしてレオロジーの入門およびその応用可能性について記しました．ただ，筆者自身がまだまだ可能性を追求中であり，十分な知見を蓄積できていないために内容の浅さについてはご勘弁いただければと思っています．その代わりとして，レオロジー測定や得られたデータの解釈に際して注意すべき点については可能な限り記しました．また，話を進めていく上で，レオロジー以外の分野の専門用語も使わざるを得ませんでした．それについても解釈の間違いがあることを承知で，簡単な補足を入れました．必要に応じ，専門書などで学んでいただき，間違い部分については訂正いただければと思います．

　レオロジーの基礎を説明するにあたっては，できるだけ数式を使わずに，概念として表現するよう心がけました．その分，厳密さに欠けたり，説明に無理があったりする箇所があるかもしれません．ただ，実務経験を積んでくると数式が意味していることを理解できるようになったり，数式がないと物足らない方もいらっしゃると思いますので，定性的な説明の後で，数式での記述も補足として記しました．また，覚えるべき基礎事項を，業務で直面されるであろう課題の解決に応用可能な，必要かつ最小限の範囲にとどめました．

　本書を，レオロジーの入門書としてとらえ，ある程度，実践などを積んだ後に，レオロジーの先達による著作などをじっくりと学んでいただき，日々の業務にレオロジーを応用できるようになっていただければ幸いです．

名畑嘉之

目　　次

はじめに

第1章　最小限のレオロジー知識で化粧品を理解するために………1
1-1　レオロジーを理解するための基本　3
　1-1-1　応力と歪み・歪み速度　3
　1-1-2　弾性・粘性・粘弾性　6
　1-1-3　レオロジー基本語の単位について　19
1-2　化粧品のための基本レオロジー測定とデータの見方　22
　1-2-1　化粧品測定に適したレオメータ　22
　1-2-2　粘弾性的性質を知るには　24
　1-2-3　G^*の歪み依存性と得られる情報　41
　1-2-4　G^*の角周波数依存性と得られる情報　44
　1-2-5　粘性率のずり速度依存性と得られる情報　49
　1-2-6　皮膚上にのせた化粧品滴の挙動とレオロジー特性　51

第2章　化粧品開発へのレオロジーの応用 ………………………55
2-1　化粧品性能の評価法としての応用　59
　2-1-1　化粧品容器からの取り出しやすさ　59
　2-1-2　化粧品の流れやすさと関係する性能　62
　2-1-3　化粧品の手触り感触への応用　66
　　（1）測定モードやレオロジーパラメータを考えた例　69
　　（2）測定法に工夫を凝らした例　93
2-2　化粧品のマクロ構造解析法としての可能性　104
　2-2-1　高分子レオロジーとの比較からの構造推定　104
　2-2-2　増粘剤の特徴からの構造推定　120

(1) ひも状ミセルによる増粘系　*120*
　　　(2) フラワーミセルによる増粘系　*121*
　　2-2-3　相転移挙動の活用　*124*

第3章　使えるレオロジーデータを得るために……………………*129*
　3-1　化粧品測定に適したレオメータ　*129*
　3-2　レオメータの性能把握　*131*
　3-3　測定データ解釈にあたっての注意　*133*
　3-4　測定目的と測定サンプルの取り扱い　*137*
　3-5　サンドブラスト処理セル使用の必要性　*140*

引用文献・参考図書　*147*

おわりに

事項索引

第1章　最小限のレオロジー知識で化粧品を理解するために

　皆さんは，化粧品というとどんな商品を思い浮かべられるでしょうか？最も多いのは，見た目を美しくしたり，見た目の印象を変える目的で顔に使われる口紅，ファンデーション，アイシャドウ，マスカラなどの商品や，髪に使われるヘアコンディショナーやセット剤などの商品でしょうか．男性だと，ひげ剃りに使うシェービングフォームやジェル商品を思い浮かべる方もいらっしゃるかもしれません．あるいは，顔や髪の毛を洗う商品もあるのではといった声もあがるかもしれません．

　実は，「化粧品とは？」と辞書やインターネットなどで調べてみると化粧品の範囲が不明瞭という印象を受けます．例えば，フリー百科事典『ウィキペディア』によれば，「体を清潔にしたり，見た目を美しくしたりする目的で，皮膚などに塗布などするもので，作用の緩和なものをいう．いわゆる基礎化粧品，メーキャップ化粧品，シャンプーなどである」とあります．"体を清潔にしたり"に注目すると，手や全身用の洗浄剤や歯磨きなども含むのかどうかがわからなくなります．どうも，より広義な分類であるトイレタリー商品あるいはパーソナルケア商品の中の一部に化粧品があるといった程度に理解しておくのが良さそうな感じです．

　このように，化粧品の範囲が曖昧であったり，性状の類似点もありますので，本書では身体の洗浄製品も含め化粧品として扱うことにします．そうすると男性女性を問わず，ほとんどの方が何らかの化粧品を毎日使われていることになります．化粧品を使うには，容器から中味を取り出し，それを肌上にのせて塗り広げます．容器からの中味の出方や，肌にのせた時の様子は製品の使用用途に応じて大きく異なることを経験されていると思います．実は，容器からの中味の出方の違いや，肌にのせた化粧品の様子（例えば，化粧品

滴や塊が変形して流れ広がる様子）の違いは，これから説明していくようにレオロジー的性質の差を反映したものということになります．

ここで簡単な質問です．コンビニエンスストアなどでよく売っているプラスチック製の容器に入ったプリンを購入し，手に持っていると想像してみて下さい．指先で容器側面とプリンの表面を押したとします．どちらの表面を押した時の方が，指先が感じる抵抗力は大きいでしょうか？　間違いなく，プラスチック容器の側面を押した方が抵抗力が大きいという答えが返ってくると思います．もう一つ質問です．ガラス瓶に入った酢とサラダ油を皿の中に注ぐことを思い浮かべて下さい．どちらが瓶から流れ出やすいでしょうか？　また，皿の中に注がれた後，どちらが周りに流れ広がりやすいでしょうか？　この場合も，間違いなく，酢の方が瓶から注ぎやすく，周りに流れ広がりやすいという答えになると思います．

これら二つの質問で例をあげたように，ヒトは固体や液体およびそれぞれの中での違いを表現するのに，手で触った際の抵抗力の強さや，液体が流れる様子を観察し，その印象を言葉で表現していると思われます．

+++++【用語の補足説明】++++++++++++++++++++++++++++
固体：
　外から力が加わらない限り，その形をいつまでも維持しているもの．
液体：
　自分でその形を維持できず，容器などに入っていないと周りに流れ広がっていってしまうもの．
++

例えば，2種類の固体の表面を指先で触った際に指先が感じる抵抗力に違いがあると，「こちらの方が硬い」といった表現をするでしょう．液体ならば，その流れる様子がゆっくりとしたものであれば，「これはとろみがある」といった表現をするでしょう．これらはこれから説明していくように，五感などを使ったヒトによるレオロジー測定とみなせたり，重力作用による自然が行うレオロジー実験を観察しての表現ともみなせます．つまり，ヒトは日常的にレオロジーという学問を実践しているといえます．

化粧品レオロジーの出発点として，皮膚上にのせた化粧品滴や塊の挙動をレオロジー的に理解することから始めましょう．レオロジーの基礎だけでも多くのことを学ぶ必要がありますが，本書の執筆にあたっては，身につけるべき基礎事項の量を可能な限り減らしつつも，実践で役立つ知識が短時間で得られるような内容となるよう心がけました．

最初に，化粧品のレオロジー的性質（以下，レオロジー特性）の理解に必要な基本語について説明します．続いて，3 種類の測定（以下，本書では，基本的レオロジー特性と呼びます）を行うのみで，多くの情報が得られる動的粘弾性の歪み依存性と角周波数依存性，および粘性率のずり速度依存性の測定法と得られるデータの見方について説明します．なお，レオロジー測定についてのノウハウ的な話は，レオロジー測定を実際に経験する際に必要な知識ですので最後の章（第 3 章）に記しました．本書では，化粧品のレオロジー測定を行うために，筆者が現在，最も使いやすく，適用範囲が広いと考えている回転型レオメータ（レオロジー特性を測定する装置なのでレオメータと呼ばれています）を例にして話をすすめます．測定セルについても，特に断らない限り，円錐-円板型セルというものに限定して説明します．

1-1　レオロジーを理解するための基本

1-1-1　応力と歪み・歪み速度

一言でいえば，レオロジーとはものの変形と流動（流れ動くこと）についての学問です．ものが外から加わる力（外力）により変形・流動する時，変形量・流動量とそれに要する力との関係を知ります．さらには，なぜそのようになるかを理解することがこの学問の主対象です．最初に，図 1.1 の模式図を使い，サンプルを外力により変形させる過程と変形の様子を表現するために必要な基本語について説明します．

直方体状のサンプルの上面と下面に，それぞれの面に平行に，大きさは同じで向きは反対の力を加えてサンプルを変形させるとします（この変形のさせ方はずり変形といわれます）．変形のイメージとしては，机の上に積み上げたトランプの束の一番上のトランプ面を，指先で軽く押しつけながら横にず

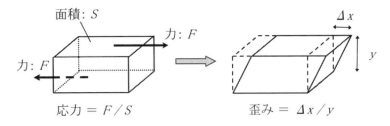

図1.1　ずり変形での応力と歪みの説明

らすことを想像してみて下さい．指先を横方向にずらすと，これに応じてトランプも横方向へずれますが，ずれ量は指先に近い位置にあるトランプほど大きくなり，図1.1で示したような変形になります．

「これで変形のイメージはわかったが，ちょっと待てよ」と感じた方はいらっしゃいませんか？「トランプの上面に力を加えて横にずらすという話だが，トランプの大きさが異なると，同じ強さの力を加えてもトランプのずれ量は異なるのでは」という疑問が生じるのではと思います．確かに，対象とするもののサイズが異なると，同じ強さの力を加えてもものに及ぼす影響が異なってきます．そのため，もののサイズ違いの影響をなくす目的で，応力（＝力／力が加わっている面積，以下，／で割り算を表します）という量が力の大きさを表すのに使われます．変形量についてももののサイズ違いの影響を消す目的で，歪み（＝歪み方向への変形量／変形している部分の厚み）という量が使われます．また，変形速度を表現するために，歪み速度（＝歪み量／時間，つまり単位時間にどれだけ歪むか）という量が使われます．

　もう一点，ここで覚えておいて欲しい重要なことがあります．レオロジー測定を行いたい図1.1のような形状をしたサンプルを考え，外から力を加えて図1.1と同様な変形を与えます．これにより，同時にサンプル内部でも変形が生じて応力（サンプルの内部に発生するので内部応力と呼ばれる）が発生します．図1.2にその様子をサンプルの真横から眺めたイラストとして示します．サンプル内部にサンプルの上下の面と平行な仮想面を考えます（図中の破線）．発生した内部応力は仮想面に対し向きは反対で強度は同じの二つの矢印で示したような形で働きます（作用反作用の法則のため）．このような

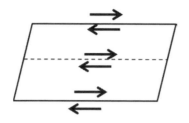

図 1.2 変形により発生した内部応力をサンプル外部から検出できる理由

仮想面をサンプルの上面および下面の方向にそれぞれ順次考えていくと，サンプルの上下の面で観測される力は，実は内部応力に一致するということになります．つまり，測定された外部応力より内部応力を知ることができることになります．するとサンプルの歪み量と内部応力がわかったことになり，レオロジー測定が行えたことになります．

＋＋＋＋＋【用語の補足説明】＋＋＋＋＋＋＋＋＋＋＋＋＋＋＋＋＋＋＋＋＋＋＋＋＋
作用反作用の法則：
　ニュートンの運動の法則の 3 番目の法則で，「二つの物体が互いに力を及ぼし合う時には，これらの力は常に大きさが等しく，向きが反対である」というもの．もしこの関係が成り立たないと，物体が横方向に動いたり，回転したりしてしまいます．二人の人間が綱引きをしている場面を想像して下さい．もし両者の引っ張る力が同じであれば（作用反作用の法則が成り立っている状態），綱はどちらにも動きません．どちらかの人の引く力が強いと，綱は引く力が強い方に引っぱり込まれてしまいます（作用反作用の法則が成り立たない状態）．
＋＋＋＋＋＋＋＋＋＋＋＋＋＋＋＋＋＋＋＋＋＋＋＋＋＋＋＋＋＋＋＋＋＋＋＋＋＋＋

《数式を使って説明すると》
　図 1.1 で応力を σ とすると（力：F，上面および下面の面積：S）
　　$\sigma = F/S$
となります．
　歪みを γ とすると（上面に平行な方向の変形量：Δx，直方体の高さ：y）
　　$\gamma = \Delta x / y$
となります．

1-1-2 弾性・粘性・粘弾性

ここで質問です.「水は固体ですか,それとも液体ですか」と聞かれれば,間違いなく「液体です」という答えになると思います.それでは,「氷はどうでしょうか」.固いので「固体です」と答える方が多いと思います.では,「氷河はどうでしょうか」.氷河というネーミングからわかるように,非常にゆっくりですが,流れます.つまり,非常に長い時間スケールで見れば,液体ということになります.実は,私たちの身の回りには,見る時間スケールによって,液体のように見えたり,固体のように見えたり,両方の性質を持っているように見えるものが多くあります.

そのうちの顕著な例として,シリコーンガム(正式には,ポリジメチルシロキサンという高分子の高分子量体)があります.図1.3にポリジメチルシ

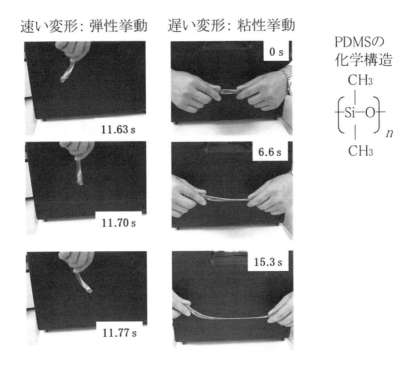

図1.3 ポリジメチルシロキサンの化学構造と変形速度により異なるシリコーンガムの挙動

ロキサン（PDMS）の化学構造とその変形の様子を示します．速い速度で振動させる（図では，0.2 秒程度の時間で往復振動をさせています）と固体のように振る舞い，ゆっくり引っ張る（図では，15 秒程度の時間をかけてゆっくりと変形させています）と液体のように振る舞います．これらの中間の時間スケールで変形させると，固体と液体の両方の性質を持ったような変形を示します．

+++++【用語の補足説明】++++++++++++++++++++++++++++
高分子，ポリジメチルシロキサン：
　図 1.3 に示すような繰り返し単位と呼ばれるものが化学結合により多数結合したものが高分子です．高分子は英語では polymer で，poly は多くのの意味を表す接頭語です．ポリジメチルシロキサンとは，ジメチルシロキサンという化合物名を持つ繰り返し単位が多数繋がったものであるということを示すために，ポリという接頭語をつけて命名されたものです．ジメチルシロキサンの繰り返し単位の結合数が少ないものはシリコーン油で，多数結合して図 1.3 のような挙動を示すようになったものがシリコーンガムと呼ばれています．
++

　変形の仕方の違いを説明するのに，固体および液体という言葉を使いましたが，この二つの言葉がイメージするところを少し考えてみましょう．固体のイメージは，ある形を持ち，その形が時間が経過しても保たれることではないでしょうか．また，力を加えると加えた力の大きさに応じて変形をするが，力を除くと直ちに元の形に戻るというイメージもあるかと思います．一方，液体のイメージは，支えるものがないとその形を維持できず，支えをなくすと，低い所へ向かってどんどん流れ広がってしまうということかと思います．このように形の維持力という点で固体と液体は正反対です．そのためレオロジーでは，この正反対の存在を手がかりに，様々なものの変形や流動の挙動を理解していきます．

　固体的な変形挙動を典型的に示すものとしてバネがあります．バネを引っ張ることを思い浮かべて下さい．加える力の大きさに応じてバネは伸びます．同じ材質でできた太いバネと細いバネを引っ張る場合，太いバネを引っ張る

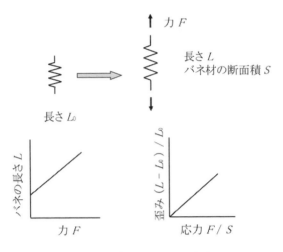

図 1.4 バネに加える力と変形

方が大きな力が必要です．また，引っ張る力をなくすとバネは直ちに元の長さに戻ります．これらを図 1.4 に模式的に示します．バネを引っ張る力とバネの長さには図の下左図のように直線関係があり，歪みと応力の関係として描き直すと図の下右図のような比例関係（フックの法則が成り立つ）を示すグラフが得られます．この性質を重さの計量に利用したのがバネ秤です．

+++++【用語の補足説明】+++++++++++++++++++++++++++++
フックの法則：
　1660 年に Robert Hooke により見出された法則です．力が加えられた物体の歪みは，歪みが小さいうちは応力に比例するというものです．フックの法則に従う物質をフック弾性体といいます．
+++

　バネを例に説明したような変形を行うものは理想的な弾性体（フックの法則に従うのでフック弾性体）と呼ばれます．理想的な弾性体が示す変形では，応力と歪みは正比例(図の下右図のように原点を通る直線グラフとなります)し，比例定数が弾性率といわれる量になります（応力＝弾性率×歪み）．先ほどの太いバネと細いバネの例では，太いバネの方が弾性率は大きく，歪ます

のに大きな力が必要ということになります．バネを引っ張る力を除くと，バネは元の長さに戻ります．これは，歪みが加わったバネ中には元の長さに戻るためのエネルギーが貯め込まれ（エネルギーの貯蔵），そのエネルギーを使って元の長さに戻るのです．

歪みと応力が比例するということは，外力を加えると内部応力が発生し，それに応じた変形が瞬時に生じることになります．また，復元力を有する変形であるということは，復元力を発生させる構造を維持できる範囲内での変形ということになります．一般に，弾性応答を示す変形は小さな変形です．弾性変形の重要な点は，復元力を伴う変形で，歪ませるのに外から加えたエネルギーの損失（消失）はありません．レオロジー測定で弾性項が検出された際には，復元機構を有する変形様式（変形モード）がサンプル中に存在していることを意味していて，サンプルの構造に関する情報を与えてくれることになります．

<例題1>

フック弾性体である，同じ太さのバネAとバネBがあるとします．バネAにある重さの重りを吊るすと歪み0.1だけ伸びます．この重りをバネBに吊るすと歪み0.3だけ伸びました．バネBの弾性率はバネAのそれと比べ何倍の大きさでしょうか．なお，両バネの太さは同じとします．

<解答例>

使用したバネはフック弾性体なので，応力＝弾性率×歪み，となります．吊るした重りは同じなので，どちらのバネにも同じ応力がかかったことになります．バネAの弾性率をE_A，バネBの弾性率をE_Bとすると，次の関係が成り立ちます．

$$0.1 \times E_A = 0.3 \times E_B$$

この式を変形すると

$$E_B = (0.1/0.3) \times E_A = 1/3 \times E_A$$

となり，バネBの弾性率はバネAのそれの1/3の大きさということになります．

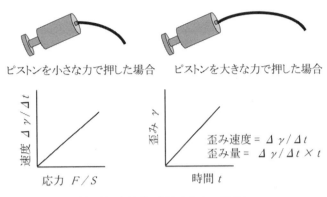

図 1.5 水鉄砲の押す力と水の飛び方

　液体的な変形挙動を示すものの代表に水があります．ここで，水鉄砲で遊ぶことを想像してみて下さい（図 1.5 上図）．ピストンを押すと吐出口から水が飛び出しますが，押す力を強くすればするほど，水は勢いよく（速い速度で）飛び出して遠くまで飛ぶようになります．これをレオロジーの言葉で表現すると，飛び出す水の速度（歪み速度）はピストンを押す力に比例（ニュートンの法則が成り立つ）しているとなります．水に見られるような応力と歪み速度が比例する流動挙動を理想的な粘性流動といい（このような流動を示すものをニュートン液体という），比例定数が粘性率になります（応力＝粘性率×歪み速度）．理想的な粘性流動では歪み速度が応力に比例することより（図 1.5 下左図），一定の応力が加わっている間の歪み量は，歪み速度と時間の積になります（図 1.5 下右図）．

+++++【用語の補足説明】+++++++++++++++++++++++++++++++
ニュートンの法則：
　1687 年に Isaac Newton により見出された関係で，流動のずり応力はずり速度に比例するというものです．ニュートンの法則に従う物質をニュートン液体といいます．
++

　水鉄砲の中に，例えば，水の代わりに蜂蜜を入れると，蜂蜜を吐出させるには，水の時に比べてとても大きな力が必要になります（水鉄砲の出口径に

よっては，押し出すことさえできないかもしれない）．これは，蜂蜜の粘性率が水に比べて桁違いに大きいからです．

　粘性率の大小が関係する例を，もう一つ挙げます．飲みものをストローを使って飲むことを想像してみて下さい．飲むものが水の場合と果汁100％のジュースの場合，どのようになるでしょうか？　水に比べて，ジュースの方が吸うために必要な力が大きいはずです．これは，水に比べてジュースの粘性率が大きいためです．

　粘性変形の際立った性質として，"覆水盆に返らず"という諺にあるように，"いったん，粘性変形したものは元の形に戻ることはない"があります．粘性体では構造を維持するための構成要素間の引力が各構成要素に働く重力に比べてとても弱く，元の形に戻るどころか，"水は方円の器に従う"という言葉どおりに器の形どおりに収まったり，低い所に向かってどんどん流れ広がっていってしまいます．粘性変形では変形を元に戻そうとする復元力はなく，変形させるために加えられたエネルギーは熱エネルギーとなって周りに伝わっていってしまいます（エネルギーの損失）．

＜例題2＞
　2種類のニュートン液体AとBがあります．液体Bの粘性率は液体Aの2倍とします．これらを水鉄砲に入れ，ピストンに同じ大きさの力を加えて液を飛ばすと，両液の飛距離の関係はどのようになるのでしょうか？　ただし，液の飛ぶ距離は吐出口からの吐出速度に比例するものとします．また，吐出速度と歪み速度は同じとします．

＜解答例＞
　液体はニュートン液体なので，応力＝粘性率×歪み速度，という関係が成り立ちます．これと仮定より，飛距離は（応力／粘性率）に比例することになります．液体Bの粘性率はAの2倍なので，液体Bの飛距離は液体Aのそれの1/2ということになります．

《数式を使って説明すると》

理想的な弾性変形では，応力をσ，歪みをγ，弾性率をGとすると，

$$\sigma = G\gamma \quad (\text{フックの法則}) \quad \cdots\cdots\cdots \quad (1.1)$$

が成り立ちます．

理想的な粘性変形では，応力をσ，歪み速度を$d\gamma/dt$，粘性率をηとすると，

$$\sigma = \eta (d\gamma/dt) \quad (\text{ニュートンの法則}) \quad \cdots\cdots\cdots \quad (1.2)$$

となります．

バネと水鉄砲を例にして，固体と液体の典型的な変形である理想弾性変形と理想粘性変形について説明してきました．図 1.3 の説明で，速い変形速度と遅い変形速度の間の変形速度では弾性体と粘性体の両方の性質を示すと説明しました．シリコーンガムの両端を指でつかんで，この速度域で引っ張ると，シリコーンガムはゴムのように変形しますが，引っ張るのを止めると中央部あたりから垂れ下がっていき，最後には切れてしまいます．つまり，弾性応答と粘性応答の両方を示します．このように弾性体と粘性体の両方の性質を示すものを，粘弾性体と呼びます．実は，実在物は，観測時間に応じて両方の性質を示すため粘弾性体です．例えば，バネ秤でも長年にわたり引っ張り続けると，粘性変形を生じてバネの長さは伸びます．水についても，掌で水面を力一杯叩きつけると，あたかも固体表面を叩いた時のように痛さを感じます．一般に，実在物に速い歪みを加えると弾性変形が顕著に，遅い変形を加えると粘性変形が顕著に現れます．

+++++【用語の補足説明】++++++++++++++++++++++++++++++++
シリコーンガムとシリコーンゴム：

図 1.3 で説明しましたポリジメチルシロキサンのように，分子の繰り返し単位の骨格部がシロキサン結合（-Si-O-Si-）からなる合成高分子はシリコーンと呼ばれています．シリコーンの高分子量物は，外観がガム状（ある種の植物の樹液のように粘り気のある状態）になることより，シリコーンガムともいわれます．一方，シリコーン分子鎖を化学結合などで結合し，3 次元的な架橋構造を形成させるとゴム状の物質が得られ，こちらはシリコーンゴムと呼ばれます．

シリコーンガムでは，シリコーン分子鎖が幾何学的に絡み合っています．外部

から加わる速い変形に対しては，絡み合い部が架橋点として作用するために固体のように振る舞います．遅い変形に対しては，シリコーン分子鎖が鎖方向に運動することにより，絡み合いを作っていた分子が絡み合い部から抜け出し（つまり，流れる），液体のように振る舞うことになります．シリコーンゴムでは，シリコーン分子鎖が3次元的な架橋構造を作っているため，シリコーン分子鎖は架橋点の間での運動ができるのみです．そのため，ゴムのように振る舞うことになります．

++

　次に，弾性変形と粘性変形の両変形を組み合わせることにより粘弾性変形が生じることを定性的に説明しましょう．その準備として弾性変形と粘性変形についてもう少し説明します．レオロジーでは，弾性変形を扱うのにバネと同じように動くバネ要素と呼ばれるものを，粘性変形を扱うにはダッシュポット要素というものを考えます（図1.6）．なお，説明のしやすさから，図1.6で示す変形はここまでの説明で使ったずり変形とは違った，サンプルの長さ方向に変形させる（これは，伸張変形と呼ばれます）変形法での説明になる点はお許し下さい．ここで，いきなりダッシュポット要素といわれても，読者の皆さんは「ダッシュポットて何？」と思われるはずなので，先ず，ダッシュポット要素について少し詳しく説明します．

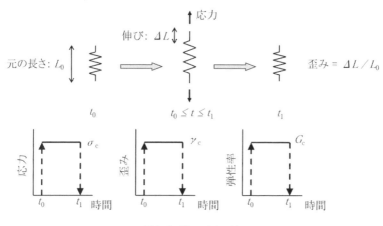

図1.6 (1) バネ要素

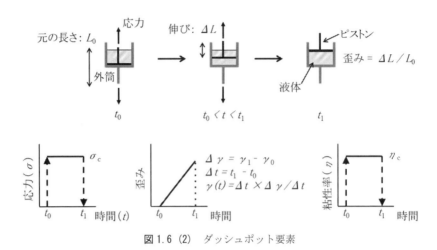

図 1.6 (2) ダッシュポット要素

ダッシュポット要素（図 1.6 (2)）とは，ピストンと外筒および外筒内に満たされた液体からなります．構造的には注射器に近いものを想像してみて下さい．ただし，注射器とは異なり，液の吐出口はありません．ピストンと外筒内壁の間にはわずかな隙間があり，ピストンに力が加わると，液体はこの隙間を通って移動し，移動した液体量に応じてピストンは歪みます．また，液体の移動速度はピストンに加わる力に比例すると考えます．

今，時間 t_0 で瞬間的に一定の強さの応力 σ_c を加え，時間 t_1 で応力を瞬間的にゼロにするとしましょう．すると，図 1.6 (1) のバネ要素では，時間 t_0 で瞬時に歪み(歪み量 γ_c)，時間 t_1 で瞬時に元に戻ります(歪み量はゼロになる)．歪んでいる間の弾性率 G_c は $G_c = \sigma_c / \gamma_c$ となります．一方，図 1.6 (2) のダッシュポット要素では，外筒内に満たされた液体がピストンと外筒内壁とのわずかな隙間を通り抜けないと歪むことができないので，歪み量は液体の通り抜け量に応じて増えることになります．そのため，歪み量は時間 t_0 ではゼロで，時間 t_1 までは一定の歪み速度 $\Delta \gamma / \Delta t$ で増加し，t_1 後は一定値 γ_c を維持します（変形に伴う復元力もなく，時間 t_1 以降では外力はゼロのため）．t_0 と t_1 の間の時間における粘性率 η_c は，$\eta_c = \sigma_c / (\Delta \gamma / \Delta t)$ となります．

次に，バネ要素とダッシュポット要素を使って粘弾性変形について説明しましょう．バネ要素とダッシュポット要素を図 1.7 に示すように長さ方向に

第 1 章　最小限のレオロジー知識で化粧品を理解するために　　15

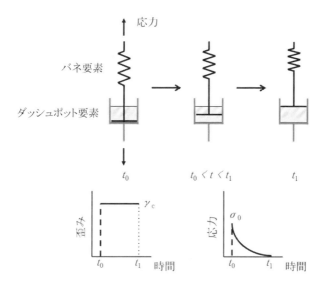

図 1.7　マクスウェルモデルを使った粘弾性応答の説明

接続したものを考えます．レオロジーでは粘弾性を考えるのにバネ要素とダッシュポット要素を使います．この二つの要素を図のように直列に接続したものをマクスウェルモデルといいます．このモデルを使って粘弾性変形を考えてみましょう．なお，モデル全体は容器に格納されており，外部からは各要素の変形具合を見ることはできないものとします．観測できるのは，応力と全体の歪みのみとします．

　このマクスウェルモデルに時間 t_0 で応力 σ_0 を働かせ，一定の歪み γ_c を与え，その歪みを保つとしましょう．時間 t_0 でマクスウェルモデルには内部応力 σ_0 が発生し，この発生した内部応力によりバネ要素は瞬時に変形します．バネ要素の変形は弾性変形であるため，バネ要素が変形した後もマクスウェルモデル内には σ_0 の強さの内部応力がかかっています．続いて，この内部応力を受け，ダッシュポット要素部も応答を始めます．ダッシュポット要素部は発生した内部応力を減らす（緩和する）ように徐々に歪みを増し（変形し），一方，バネ要素部はダッシュポット要素による内部応力の緩和の影響を受けて歪み量を減らしていきます．ただし，今の場合，マクスウェルモデル全体の

歪み量は一定に保たれています.

時間 t_0 で発生した内部応力 σ_0 は,ダッシュポット要素の応答が始まるために低下(緩和)し始め,マクスウェルモデル内の内部応力がゼロになるまで内部応力は低下していきます.ダッシュポットの歪み速度は応力に比例するので,ダッシュポットの歪み量が増すに従い内部応力の低下速度は遅くなります.そのため,応力の低下速度は時間 t_0 で最大で,時間とともに遅くなっていきます.

このように,サンプルを歪ませた場合,粘弾性応答では応力は時間とともに緩和します(下記の,《数式を使って説明すると》に記したように,応力は時間に対して指数関数的に緩和します).弾性応答では歪みと応力が比例することより,歪みを一定値に保つ限り,応力も一定値を保ち緩和しません.粘性応答では歪み速度と応力が比例することより,歪み速度が変化している間は応力を生じますが,歪みが一定になった時点で,瞬時に応力はゼロになります.

《数式を使って説明すると》

時間 t ゼロで,一定歪み γ_0 を与えた場合のマクスウェルモデルの応力と歪みを記述する式は次のようになります.

バネ部の歪みを γ_1,ダッシュポット部の歪みを γ_2 とすると,

$$\gamma_0 = \gamma_1 + \gamma_2 \quad \cdots\cdots\cdots (1.3)$$

となります.

バネ要素についてはフックの法則が成り立つことより,バネの弾性率を G_c とすると,

$$\gamma_1 = (1/G_c)\,\sigma(t)$$

両辺を時間で微分して

$$d\gamma_1/dt = (1/G_c)(d\sigma(t)/dt) \quad \cdots\cdots\cdots (1.4)$$

となります.

ダッシュポット要素についてはニュートンの法則が成り立つことより,ダッシュポットの粘性率を η_c とすると,

$$d\gamma_2/dt = (1/\eta_c)\,\sigma(t) \quad \cdots\cdots\cdots (1.5)$$

第1章　最小限のレオロジー知識で化粧品を理解するために　　*17*

となります.
　(1.3) 式の両辺を時間で微分して,
　　　$d\gamma_0/dt = (d\gamma_1/dt) + (d\gamma_2/dt)$ ……… (1.6)
　(1.6) 式に (1.4) 式と (1.5) 式を代入して,
　　　$d\gamma_0/dt = (1/G_c)(d\sigma(t)/dt) + (1/\eta_c)\sigma(t)$ ……… (1.7)
となり, この微分方程式を解けば良いことになります.
　$t = 0$ で瞬間的に歪み γ_0 を加え, その後は歪みを一定に保つので, $d\gamma_0/dt = 0$ となり次式が得られます.
　　　$(1/G_c)(d\sigma(t)/dt) + (1/\eta_c)\sigma(t) = 0$
　この式を変形すると,
　　　$(1/G_c)(d\sigma(t)/dt) = -(1/\eta_c)\sigma(t)$
となります. この微分方程式は変数分離型として解け,
　　　$d\sigma(t)/\sigma(t) = -(G_c/\eta_c)dt$
　　　$\log_e(\sigma(t)) = -(G_c/\eta_c)t + C1$　（C1 は定数）
　　　$\sigma(t) = C2\exp\{-(G_c/\eta_c)t\}$　（C2 は定数, exp は e を底とする指数関数）
　$t = 0$ の時の応力を σ_0 とすると, $C2 = \sigma_0$ となり, 目的とする次式が得られます.
　　　$\sigma(t) = \sigma_0\exp\{-(G_c/\eta_c)t\}$
ここで, $\tau = \eta_c/G_c$ と定義すると
　　　$\sigma(t) = \sigma_0\exp\{-(t/\tau)\}$ ……… (1.8)
となり, レオロジーの教科書でよく見られる式になります. この式よりマクスウェルモデルに瞬間的に一定の歪みを与えた時, 応力は時間とともに指数関数的に低下することがわかります. 応力が低下する, つまり, 緩む現象なので, この現象を応力緩和といっています. ここで τ は緩和時間といわれ, 応力値が初期値の 1/e になる時間で, 応力が緩和する速さを示す一つの尺度を表します. なお, e はネイピア数と呼ばれる無理数で e = 2.71828…です.

　レオロジーで重要な弾性変形, 粘性変形, および粘弾性変形について, バネ要素とダッシュポット要素を使って定性的に説明してきました. 実際に, 化粧品のレオロジー測定で計測されるのは, 化粧品の中に存在している, 化

粧品のいろいろな構成要素の変形で，これらが測定条件に応じて弾性変形したり，粘性変形したり，粘弾性変形したりします．化粧品のレオロジーデータを理解して応用するためには，化粧品の構造についての知識が必要になります．

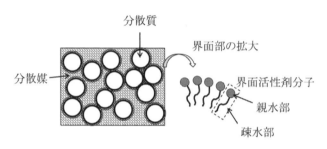

図 1.8　化粧品の構造例

そこで，容器から取り出した中味を指先などで肌上に塗り広げて使われる化粧品（化粧水，乳液，クリーム，など）の構造について簡単に説明しましょう．多くの化粧品は，図 1.8 に模式的に示すように，何らかの固体や液体状物質中に別の液体や固体の粒を散在させた構造になっています．このような状態を作り出すことを分散させるといい，得られるものは分散物といわれます．散在している粒を分散質または分散相といい，粒を散在させている媒質を分散媒といいます．分散媒が液体で分散質が固体の場合はサスペンション（日本語では懸濁液），分散質も液体の場合はエマルション（日本語では乳濁液），分散質が気体の場合は泡ということになります．また，エマルション状態を作り出すことを乳化させるといい，得られるものを乳化物ともいいます．

一般に，分散物を得る際には，分散質を安定に存在させるために，調製時に界面活性剤と呼ばれるものを添加します．図 1.8 中の界面部の拡大部分に界面活性剤が並んでいるイメージを示していますが，界面活性剤分子は分子中に水と仲が良い部分（親水部）と油と仲が良い部分（疎水あるいは親油部）を持っています．分散媒が水で，分散質が油の場合，界面活性剤分子は親水部を分散媒側に，疎水部を分散質側に向けて，分散質と分散媒との境界部分

（界面部分）を取り囲むようにして存在しているといわれています．反対に，分散媒が油で，分散質が水の場合には，界面活性剤分子は親水部を分散質側に，疎水部を分散媒側にして分散質と分散剤の界面に存在するとされています．

図 1.8 を使って化粧品の構造について簡単に説明しましたが，市販されている化粧品の構造はいろいろです．低粘性率の化粧水のように分散質がないもの（つまり，溶液状態のもの）もありますが，一般的には，見栄えや肌ケアなどの求める機能，使用時の使い勝手や使用感，および製品としての経時安定性の確保のために複雑な構造になっています．例えば，分散質として液体粒と固体粒子を含むものや液体の粒の中にさらに別の液体の粒を含むものもあります．また，分散媒中に高分子物質を溶解させたり，分散媒が界面活性分子同士が結合した構造体を含んだり，活性剤分子が規則的に並んだ構造体そのものである場合もあります．

レオロジー測定では，外力によりサンプルを変形させます．それに応じて，構成要素の一部が瞬間的に弾性変形を生じてサンプル内部に内部応力を発生させます．この内部応力が発生している状態は，エネルギーの高い状態であり，内部応力を動力源に（自然の摂理に従い），構成要素の一部が粘弾性変形や粘性変形を行い，低エネルギー状態へ戻ろう（緩和しよう）とします．エネルギー緩和の動力源は内部応力であるため，エネルギーが緩和していくに従い，内部応力も緩和することになります．高エネルギー状態や内部応力を緩和させる粘弾性変形や粘性変形を生ずるのは，図 1.8 に示すような，測定サンプルの構造を形成している各構造単位の何らかの運動です．この運動は応力の緩和に寄与する運動なので緩和モードと呼ばれます．

レオロジー測定より得られるデータを活用するためには，弾性，粘性，および粘弾性の各変形応答を区別して把握し，粘弾性および粘性変形応答を生じている，すなわち，緩和モードを生じているのが構成要素中のどの要素で，どんなモード（運動）なのかを知ることが重要です．

1-1-3　レオロジー基本語の単位について

皆さんは，「あなたの身長と体重は」と聞かれたらどう答えますか？　多く

の方が,「私の身長は 1 m 70 cm で,体重は 70 kg です」といったような答え方をされるのではないでしょうか.このように,ある物理量(今の場合,身長は[長さ],体重は[重さ]が物理量)の大きさを表現するのに,大きさを表す数値に[長さ]や[重さ]を表す単位をつけて答えます.レオロジーでも同様で,ここで,これまでに説明した基本語の大きさについて具体的な例を使って計算してみましょう.使用する単位は,現在,国際的に使用が定められている SI 単位系というものを用います.また,レオロジーの物理量は何桁にもわたる値をとるため,桁数を表す接頭語も使用します.

+ + + + +【用語の補足説明】+ +

SI 単位系:
  メートル法の後継として国際的に定められた単位系で,次の 7 個の基本単位を組み合わせて種々の物理量の単位を表現する方法です.
  長さ:メートル[m],質量:キログラム[kg],時間:秒[s],
  電流:アンペア[A],熱力学温度:ケルビン[K],物質量:モル[mol],
  光度:カンデラ[cd]

指数および単位と組み合わせて使われる接頭語:
  弾性率や粘性率などのレオロジーの物理量は何桁にもおよぶ値をとるため,数値の桁数を表す接頭語を使用すると表記が簡単になります.覚えておくと便利なものを次に示します.なお,10 の肩につけた上付き文字(指数)は次の意味を表します.
  10^3 は 1 の次にゼロが 3 個並ぶという意味で,1000 を表します.
  10^{-3} は $1/10^3$ = 1/1000 の意味です.
  k(キロ)……10^3,M(メガ)……10^6,G(ギガ)……10^9
  c(センチ)……10^{-2},m(ミリ)……10^{-3},
  μ(マイクロ)……10^{-6},n(ナノ)……10^{-9}

+ +

図 1.1 において,10 N の大きさの力が,0.001 m^2 の面積の面に働いているとすると,応力の大きさは,

$$1 \text{ N} \div 0.001 \text{ m}^2 = 1000 \text{ N/m}^2 = 1 \text{ kN/m}^2$$

となります.SI 単位系では次式のように定義されたパスカル[Pa]という単

位が使われます．

$1\ \text{N/m}^2 = 1\ \text{Pa}$

すると，先の応力は 1 kPa ということになります．

もし，この応力により生じた歪みを 0.1 とすると，弾性率は，

$1\ \text{kPa} \div 0.1 = 10\ \text{kPa}$

で 10 kPa と計算されます．弾性率の単位は，応力のそれと同じで Pa となります．

粘性率についても計算してみましょう．もし，1 Pa の応力で，1 秒（s）間に生じた歪みが 0.1 とすると歪み速度は，

$0.1 \div 1\ \text{s} = 0.1\ \text{s}^{-1}$

で 0.1 s^{-1} となり，粘性率は，

$1\ \text{Pa} \div 0.1\ \text{s}^{-1} = 10\ \text{Pa}\cdot\text{s}$

で 10 Pa・s となります．粘性率の単位は Pa・s となります．

昔の単位系との関係は次のようになり，覚えておくと助かることがあります．

　　弾性率：1 dyn/cm^2 = 0.1 Pa

　　粘性率：1 poise = 0.1 Pa・s

参考までに，知っていると役に立つ，身の回りのもののずり変形モードでの室温での弾性率値は，

金属：10^2 GPa 程度，ガラス：10 GPa 程度，固体高分子：1 GPa 程度

ゴム：1 MPa 程度，マヨネーズ：600 Pa 程度，ヒトの肌：50 kPa 程度

です．

同様に粘性率値は，

水：1 mPa・s 程度，食器用洗剤：0.2 Pa・s 程度，蜂蜜：5 Pa・s 程度，

ガラス：10^{18} Pa・s（441℃）

（各種物質の粘性率値の例は，例えば，中川鶴太郎著，岩波全書　レオロジー（第 2 版），pp.108-109 の表が参考になります．ちなみに，上記のガラスの粘性率値はその表から引用しました）

このように，身の回りのものは弾性率値，粘性率値ともに 10 数桁の範囲にわたる広い値の範囲に分布しています．

＜例題 3＞
ある油の室温での粘性率値が 20 cpoise でした．これを SI 単位系で表記して下さい．

＜解答例＞
1 poise は 0.1 Pa・s，接頭語 c は 0.01 倍を表すので，
20 cpoise = 20×0.01×0.1 Pa・s = 0.02 Pa・s = 20 mPa・s
となります．

1-2 化粧品のための基本レオロジー測定とデータの見方

1-2-1 化粧品測定に適したレオメータ

化粧品には水のような低粘性率のものからクリームのように重力程度の力では崩れて流れないようなものまであります．また，10^{-3} より小さな歪みの印加により静置時の構造が壊れるものもあります．そのため 10^{-5} 程度の小さな歪みでの測定や，7 桁程度にわたる弾性率や粘性率を一度の測定で得られるレオメータが必要になります．このような要求を満たすレオメータとして，応力制御型でありながら極短時間で歪み制御モードでの測定が可能な回転型レオメータが市販されています．図 1.9 にその一例を示します．

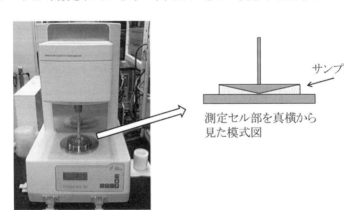

図 1.9　市販の回転型レオメータ（例）と円錐-円板セルの模式図

第1章　最小限のレオロジー知識で化粧品を理解するために

+++++【用語の補足説明】++++++++++++++++++++++++++++++
歪み制御型レオメータ：
　レオロジー測定に際し，測定サンプルに所定の歪みを加えて，その応答である応力を検出することによりレオロジー測定を行うレオメータ．
応力制御型レオメータ：
　レオロジー測定に際し，測定サンプルに所定の応力を加えて，その応答である歪みを検出することによりレオロジー測定を行うレオメータ．
++

　図 1.9 中の矢印部は測定サンプルが充填される測定セル部とその拡大模式図を示します．測定セルの上部は円錐に下部は円板になっています（このようなセルを円錐-円板セルまたはコーン-プレートセルと呼びます）．サンプルは上部円錐と下部の円板に挟まれる形で充填（セット）されます．上部円錐はシャフトによりモータ部に繋がり，モータを振動または回転させることにより，測定サンプルにずり歪みやずり流動を加えることができるようになっています．モータ部には回転方向とシャフト軸方向に加わっている力と位置の検出機能が盛り込まれています．また，下部円板，場合によっては上部円錐も－20℃から 150℃程度の範囲で温度制御ができ，温度を変えてのレオロジー測定も可能です．

　応力制御型レオメータでは力と位置の制御と検出機能を備えた 1 台のモータを使ってレオロジー測定を行います．その名のとおり，本来は測定サンプルに加える応力を制御することにより測定を行います．応力制御での測定では，測定したことのないサンプルの目的とする歪みでの測定を行う際に，サンプルに加える応力の程度がわからず，予備測定が必要という不便さがあります．しかし，制御技術が進歩し，最近の応力制御型のレオメータでは，応力をベースとした制御でありながら，極短時間内で歪みでの測定制御が可能な装置が市販されています．そのため，応力制御型のレオメータでありながら，歪み制御型のレオメータと同様，歪みでの測定条件の設定が行え，予備測定なしで欲しいデータが得られるようになっています．

1-2-2 粘弾性的性質を知るには

ここまでに記したように，実在物は粘弾性体であり，弾性的な性質が強いのか，粘性的な性質が強いのかによって，その性状は大きく異なります．これから説明する動的粘弾性測定を行うことにより簡単に，実在物の粘弾性体としての性質を弾性部分と粘性部分とに分けて知ることができます．動的粘弾性測定では，測定サンプルにその構造を壊さない範囲の正弦的な歪みを加え，その際の応力応答を弾性応答成分と粘性応答成分に分けて計測します．

ここで，正弦波という言葉を使いましたが，「正弦波って何？」とおっしゃる方がいらっしゃるかと思います．また，動的粘弾性では，レオロジーを学ぼうとされる方が戸惑うと思われる"位相差"という概念もでてきます．そこで動的粘弾性の話をする前に，正弦波とその関連語について簡単に説明しておきます．

図1.10（左図）に示すように，互いに直交する（90度で交わる）X軸とY軸を描き，さらに，両軸の交点Oを中心とした半径rの円を描きます．円周上に点Pを考え，これが反時計回りに円周上を回転するとします．今，点Pが円とX軸との交点Qから出発して円周上を1回転したとします．この時，点Pの円周上での回転距離は，半径rと円周率πを使って，$2\pi r$となります．一方，円の中心Oから眺めると，点Pは点Oの周りを360度回転したことに

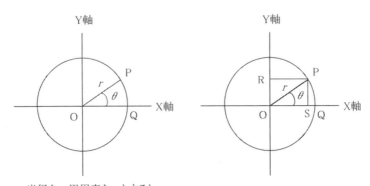

半径をr，円周率をπとすると，
弧度法での円周1周分の角度θは，
$\theta = 2\pi r / r = 2\pi$
となります．

図1.10 弧度法（左図）と点Pの座標（右図）

なります．ここで，半径 r と円周 1 周分の回転距離に着目して，これらの比をとると，$2\pi r/r=2\pi$ となり，この比の値は円の半径値とは無関係に一定値となることがわかります．

実はこの性質を使って，角度の大きさを表す弧度法という角度表記法があります．図 1.10 左図の円弧 PQ が円の中心 O 点に対して作り出す角度を θ とします．弧度法では角度 θ は，$\theta =$（円弧の長さ PQ）/ 半径 r と定義されます．先ほどの点 P の円周上 1 周分の動きを弧度法で表現すると，$2\pi r/r=2\pi$ となります．単位は rad（ラジアン）で，円周 1 周分の大きさは 2π ラジアンになります．度で表す角度との関係は，360 度が 2π ラジアンなので，1 ラジアンは 360 度 $/2\pi$ より 57.295…度に相当します．

図 1.10 右図のように，円周上の点 P から Y 軸に平行に下ろした直線が X 軸と交わる点を点 S，X 軸に平行に引いた直線が Y 軸と交わる点を点 R とします．すると，三角形 OPS と OPR はどちらも直角三角形になります．線分 OS の長さと線分 OR の長さは，XY 平面における点 P の X 軸成分と Y 軸成分をそれぞれ表します．角度 θ と直角三角形 OPS の各辺の長さとの間には次の関係があります．

$\mathrm{Sin}\theta =$ 線分 PS / 線分 OP で，sin はサイン（正弦）と呼ばれます

$\mathrm{Cos}\theta =$ 線分 OS / 線分 OP で，cos はコサイン（余弦）と呼ばれます

$\mathrm{Tan}\theta =$ 線分 PS / 線分 OS で，tan はタンジェント（正接）と呼ばれます

すると，線分 OP の長さは r なので，点 P の X 軸成分は $r\cos\theta$，Y 軸成分は $r\sin\theta$ となります．

今，図 1.11 の上段左図のように，点 P が点 Q から毎秒 ω ラジアンの速さで円周上を反時計回りに回転するとします．点 P の Y 軸成分と時間との関係をプロットすると，図 1.11 上段右図に示すような，ωt ゼロから 2π の間の波形曲線を繰り返すグラフが得られます．点 P の Y 軸成分は $r\sin(\omega t)$ なので，この波は sin 波または正弦波と呼ばれます．X 軸成分 $r\cos(\omega t)$ についても同様で，こちらは cos 波と呼ばれるグラフが得られます．sin 波と cos 波を一緒にプロットしたのが図 1.11 下段の図です．この図より，cos 波が sin 波より $\pi/2$ だけ ωt 軸方向に進んだ動きをしていることがわかります．ωt は点 P の回転した角度を表しており，この角度のことを位相と呼びます．位相で表現する

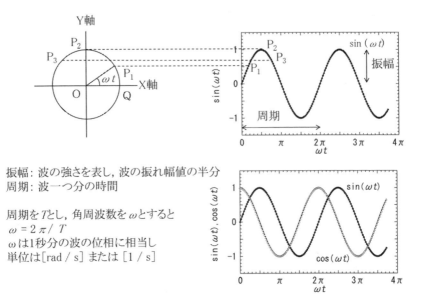

図1.11 円周上の点の回転とsin波とcos波，波の振幅，周期，角速度

と，cos波はsin波より$\pi/2$ラジアン（90度）位相が進んでいることになります．つまり，cos(ωt) = sin$(\omega t + \pi/2)$です．あるいは，sin波はcos波より$\pi/2$ラジアン位相が遅れている，sin(ωt) = cos$(\omega t - \pi/2)$となります．なお，sin波もcos波も形は同じなので，まとめて正弦波と呼ばれます．

正弦波を扱うのに知っておく必要がある言葉がありますので，これらについても，簡単に説明します．図1.11上段の右図中に記したように，波の強さを表すのが振幅で，波の振れ幅の半分の値です．上段左図の円周上の点Pが円周上を1周すると，一つ分の波，すなわち，1振動分の波が描かれます．この1振動分の波を描くのに要する時間を周期Tといいます．すると，1秒間に振動する波の数は$1/T$となり，振動数fと呼ばれます．fとTとの関係は，$f = 1/T$となります．振動数の単位はヘルツ（Hz）です．もし1秒間に10周期分の振動をする波があるとすると，周期0.1秒で，振動数10 Hzの波ということになります．

実は，正弦波の振動回数を表現するもう一つの方法があります．振動数fは

1秒間に波が振動する回数で表現したものでしたが,先の点Pが1秒間に回転する角度,すなわち,位相で表現する方法があります.これを角周波数 ω といいます.円周1周分の位相は 2π なので,これに1秒間の振動数を掛け,$\omega = 2\pi f = 2\pi/T$ となります.単位は rad/s または 1/s です(本書では,以下,後者の表記を使います).図1.11を使い正弦波の説明をした時に,円周上の点Pの回転速度を毎秒 ω ラジアンとしましたが,実は,この角周波数を意味していました.

動的粘弾性測定では,サンプルに加える歪みは正弦波(sin 波またはcos 波)として与えますが,sin 波とcos 波は単に位相が $\pi/2$ 異なる波というだけなので,以下,歪み波として $\gamma_0 \cos(\omega t)$ 波を使った例で話を進めます.なお,γ_0 は歪み波の振幅で,ω は角周波数です.すると,(1.1)式より,弾性応答では応力と歪みが比例するため,歪み波と同じ位相依存性を示す応力波が検出されることになります(これを,位相差がないといいます).(比例記号 $\propto$ を使うと)

$$\text{弾性応答の応力波 } \sigma(t): \sigma(t) \propto \cos(\omega t) \quad \cdots\cdots\cdots \quad (1.9)$$

一方,(1.2)式より,粘性応答では応力は歪み速度に比例するため,歪み波とは異なった位相依存性を示す波が検出されることになります.歪み速度は単位時間にどれだけ歪むかを表す量で,歪みの変化量を時間の変化量で割ってやれば求めることができます.試しに,$\cos(\omega t)$ 波を歪み波として加えた場合の粘性応答の応力波を見積もってみましょう.

図1.12の $\cos(\omega t)$ 波(黒丸で表示)中の連続する3点(例えば,時間 t_1, t_2, t_3)について,位相の増分である $\Delta(\omega t)$ ($=\omega t_3 - \omega t_1$) と $\cos(\omega t)$ 波の増分である $\Delta\cos(\omega t)$ ($=\cos(\omega t_3) - \cos(\omega t_1)$) を各黒の点について求め,$\Delta\cos(\omega t)/\Delta(\omega t)$ を計算します.ここで,Δ は増分を意味する記号です.得られた計算値を連続する3点の真ん中の点の時間 t_2 に対してプロットしたのが図中の白三角でプロットした点です.図中には,$\sin(\omega t)$ に -1 を掛けて求めた,$-\sin(\omega t)$ のグラフも実線で示しました.図からわかるように,粘性応答としての応力波のプロット点は $-\sin(\omega t)$ のグラフと一致しています.つまり,粘性応答の場合には,歪み波として cos 波をサンプルに加えて得られる応力応答波は,$-\sin$ 波ということになります.歪み波と応力波が同じ形の方がわかりやすい

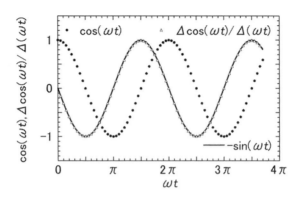

図 1.12　サンプルに加える歪み（cos 波）と粘性体による応力応答の説明

ため，応力応答波についても cos 波で表現してみましょう．

図 1.12 の cos (ωt) のグラフと $-\sin (\omega t)$ のグラフを見比べると，$-\sin (\omega t)$ のグラフは cos (ωt) のグラフを $\pi/2$ だけ位相を進めたグラフに相当することがわかります．すると，応力波 $-\sin (\omega t)$ は，$-\sin (\omega t) = \cos (\omega t + \pi/2)$ となります．つまり，粘性応答の応力波 $\sigma(t)$ は，次のようになります．

　　粘性応答の応力波 $\sigma(t)$：$\sigma(t) \propto \cos (\omega t + \pi/2)$ ……… (1.10)

以上より，動的粘弾性測定における歪み波（$\gamma_0 \cos (\omega t)$）と応力応答波との位相差を δ とすると，つまり，応力応答波を cos ($\omega t + \delta$) とすると，弾性応答では $\delta = 0$，粘性応答では $\delta = \pi/2$ となります．では，粘弾性体である実在物ではどうなるでしょうか．弾性と粘性の両方の寄与があることより，弾性応答である cos 波と粘性応答である $-\sin$ 波の足し算，つまり合成波を求めてやれば，どうなるかを知ることができます．図 1.13 に結果を示しますが，合成波は cos (ωt) より $\pi/2$ を超えない範囲で位相が進んだ波となっています．つまり，実在物である粘弾性体の，δ 値は $0 < \delta < \pi/2$ の範囲の値をとることになります．

　　粘弾性応答の応力波 $\sigma(t)$：

　　　$\sigma(t) \propto \cos (\omega t + \delta)$，ただし，$0 < \delta < \pi/2$ ……… (1.11)

図 1.13 で，cos (ωt) 波と $-\sin (\omega t)$ 波を合成すると，cos (ωt) より位相が δ だけ進んだ cos ($\omega t + \delta$) が得られることを説明しました．このことから想像できるかもしれませんが，どんな正弦波，cos ($\omega t + \delta$)，であっても cos 波と sin 波

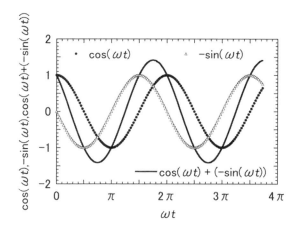

図 1.13　cos 波と −sin 波の合成波

の二つの波に分けることができます．加法定理というものがあって，

　　　加法定理：cos (α+β) = cosαcosβ − sinαsinβ

これを使うと，cos (ωt +δ) は次のようになります．

　　　cos (ωt +δ) = cos (ωt) cosδ − sin (ωt) sinδ

　　　　　　　　= cosδcos (ωt) + { −sinδsin (ωt) } ………（1.12）

cosδ と sinδ は定数なので，cos (ωt +δ) 波が cos 波と −sin 波の二つの波の和になっていることがわかります．ここで，図 1.12 のところで説明した −sin (ωt) = cos (ωt +π/2) を使うと，上式の右辺第 2 項は sinδcos (ωt +π/2) となり，cos (ωt +δ) が cos (ωt) 波とそれより位相が π/2 ラジアン進んだ cos (ωt +π/2) 波の和になっているともいえます．つまり，

　　　cos (ωt +δ) = cosδcos (ωt) + sinδcos (ωt +π/2) ………（1.13）

　この式の右辺の第 1 項の下線部は（1.9）式から弾性応答の，第 2 項の下線部は（1.10）式より粘性応答の寄与ということになります．すると，（1.11）式より，粘弾性体による応力応答が弾性応答と粘性応答からなるということがわかります．

　以上のように動的粘弾性測定では，測定サンプルに歪み波が加わることにより検出される応力応答波は，歪みと同一位相の弾性応答波と π/2 位相が進

んだ粘性応答波からなります．もののレオロジー的性質のうちで最も基本的なパラメータは，歪ませやすさの指標である弾性率（＝応力／歪み）です．
　(1.1) 式，$\sigma = G\gamma$，より，理想的な弾性体であれば，弾性率 G と応力 σ と歪み γ との関係は次のように表せます．

$$G = \sigma/\gamma$$

　この形が動的粘弾性の弾性率でも成り立つと考えます．今，歪み波を

$$\gamma(t) = \gamma_0 \cos(\omega t) \cdots\cdots\cdots (1.14)$$

とします．(1.13) 式より応力波は，振幅を σ_0 とすると，

$$\sigma(t) = \sigma_0 \cos\delta \cos(\omega t) + \sigma_0 \sin\delta \cos(\omega t + \pi/2) \cdots\cdots\cdots (1.15)$$

という形で表せることになります．(1.15) 式で，右辺の第 1 項は歪み波と同一位相の波で，その振幅は $\sigma_0 \cos\delta$ です．また，第 2 項は歪み波より位相が $\pi/2$ ラジアン進んだ波で，振幅は $\sigma_0 \sin\delta$ です．応力／歪みで弾性率が求まるとしていますから，(1.14) 式と (1.15) 式の各項の振幅に着目すると，

弾性率　$= \sigma_0 \cos\delta/\gamma_0$（歪み波と同位相）
　　　　$+ \sigma_0 \sin\delta/\gamma_0$（歪み波より $\pi/2$ 位相が進んだ成分）$\cdots\cdots\cdots (1.16)$

となります．このように，粘弾性体では弾性率が位相の異なる二つの成分からなっています．そこで，これをどう表現するかということになります．
　数学には複素数という概念があります．次の二次方程式，

$$x^2 + 1 = 0$$

の解 $\sqrt{-1}$ を表現するために，虚数単位 i というものが導入されています．この i のべき乗は次のようになります．

$$i^2 = -1, \quad i^3 = i \times i^2 = -i, \quad i^4 = i \times (-i) = -i^2 = 1, \quad \cdots\cdots$$

　ものの数や，長さ，重さなどの現実に存在する量の大きさを表現するのに用いられる数（実数）を使って，次の複素数というものが定義されています．

　　　　$Z^* = x + iy$，ここで，Z^* は複素数，x と y は実数，i は虚数単位

　この複素数を表現するのに，複素平面というものがあり，図 1.14 に示します．横軸に実軸（実数の軸）を縦軸に虚軸（虚数の軸）をとり，複素数 Z^* の実数成分 x を実軸の成分に，虚数部分の成分 y を虚軸の成分にとり，複素平面上の点 Z^* として複素数をプロットします．実軸と虚軸の交点と点 Z^* を結ぶ線分を考えその長さを $|Z^*|$ とします．この線分が実軸となす角を θ とす

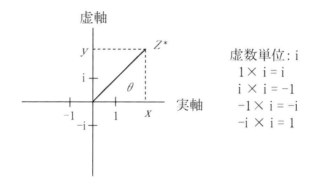

図1.14 複素平面と虚数単位

ると，
$$x = |Z^*| \times \cos\theta,\ y = |Z^*| \times \sin\theta$$
となります．先の i のべき乗と図 1.14 を比べると，i を掛けることが複素平面上では半時計回りに $\pi/2$ ずつ回転させる，すなわち，位相を $\pi/2$ だけ進めることに対応することがわかります．

この複素平面を利用すると，先ほどの (1.16) 式がうまく表現できることになります．歪み波と同一位相である第 1 項を実軸成分に，歪み波より $\pi/2$ 位相が進んだ第 2 項を虚軸成分に対応させて考える方法です．すると，動的粘弾性における弾性率は次のように表現できることになります(図1.15参照)．
$$G^* = G' + iG'' \cdots\cdots (1.17)$$
ここで，i：虚数単位で，G^*：複素弾性率，G'：貯蔵弾性率，G''：損失弾性率という言葉を導入します．図 1.15 右図の直角三角形の三平方の定理より，次の関係があることがわかります．
$$|G^*|^2 = G'^2 + G''^2$$
ここで，| |は絶対値を表す記号で複素数の大きさを表します．また，図 1.14 のところで使った関係を使うと，
$$G' = |G^*| \times \cos\delta$$
$$G'' = |G^*| \times \sin\delta$$
$$G''/G' = \tan\delta \cdots\cdots (1.18)$$
という関係が求められます．(1.18) 式の $\tan\delta$ は損失正接で，タンジェントデ

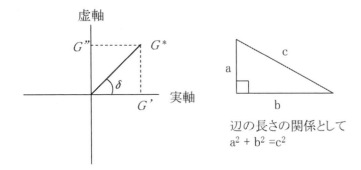

図1.15 複素平面と複素弾性率 G^*（左図），三平方の定理（右図）

ルタまたはタンデルタといいます．また，G' はジープライム，G'' はジーダブルプライムと読みます．

　弾性応答分には貯蔵，粘性応答分には損失という形容語が，それぞれ弾性率の前につけられているのは，前述したように，それぞれの変形応答に伴うエネルギー消費の有無を示すためです．測定データを解釈する時には，複素弾性率の絶対値（$|G^*|$）は弾性と粘性の合算としての弾性率で，G' は弾性応答成分に G'' は粘性応答成分に起因する弾性率と考えます．また，初学者が最もとまどう位相差 δ ですが，図1.15 と (1.18) 式より $\tan\delta = G''/G'$ なので，位相差については損失正接 $\tan\delta$ としてとらえ，その解釈を覚えればよいと考えています．$\tan\delta$ は（粘性応答の寄与／弾性応答の寄与）ととらえ，$\tan\delta=1$ では弾性応答と粘性応答が同じ，$\tan\delta<1$ では弾性応答が支配的，$\tan\delta>1$ では粘性応答が支配的と考えます．また，$\tan\delta$ が大きい場合には，粘性変形の寄与が大きく，サンプル内部に内部応力が生じると，構成単位中の粘弾性変形や粘性変形により内部応力を緩和できることを意味します．繰り返しになるかもしれませんが，これらの変形が内部応力を緩和できるので，緩和モードとも呼ばれます．

《数式を使って説明すると》

　次式で示すような角周波数 ω の正弦波としてずり歪みを与えます．

$$\gamma(t) = \gamma_0 \cos(\omega t) \quad \cdots\cdots\cdots (1.19)$$

ここで，γ_0：歪みの振幅，ω：角周波数
① サンプルが弾性率 G の理想的な弾性体の場合
　（1.1）式より応力 $\sigma(t)$ は
$$\sigma(t) = G\gamma(t) \quad\cdots\cdots\cdots\quad (1.20)$$
となります．
　（1.20）式に（1.19）式を代入すると応力 $\sigma(t)$ は次のようになります．
$$\sigma(t) = G\gamma_0 \cos(\omega t) \quad\cdots\cdots\cdots\quad (1.21)$$
　（1.21）式が，理想的な弾性体に（1.19）式で示す正弦歪みを印加した時の応力応答を表す式となります．（1.19）式と（1.21）式より，理想的な弾性体では，歪み波と応力波が同位相の正弦波であることがわかります．
② サンプルが粘性率 η の理想的な粘性体の場合
　（1.2）式より応力 $\sigma(t)$ は
$$\sigma(t) = \eta(d\gamma/dt) \quad\cdots\cdots\cdots\quad (1.22)$$
となります．
　（1.19）式を時間で微分し，
$$d\gamma(t)/dt = \gamma_0(d\cos(\omega t)/dt) = -\omega\gamma_0\sin(\omega t) \quad\cdots\cdots\cdots\quad (1.23)$$
を得ます．（1.23）式を（1.22）式に代入し，$\cos(\varphi+\pi/2) = -\sin(\varphi)$ ［ここで，φ は任意の角度］の関係を使うと，応力 $\sigma(t)$ は次のようになります．
$$\sigma(t) = -\eta\omega\gamma_0\sin(\omega t) = \eta\omega\gamma_0\cos(\omega t + \pi/2) \quad\cdots\cdots\cdots\quad (1.24)$$
　（1.24）式が理想粘性体に（1.19）式の正弦歪みを印加した時の応力応答を表す式になります．
　（1.19）式と（1.24）式より，理想的な粘性体では，応力波の位相が歪み波の位相よりも $\pi/2$ 進んでいることがわかります．
③ サンプルが粘弾性体の場合
　先に記したように，サンプルが粘弾性体の場合には，応力波の位相差を δ（ただし，$0<\delta<\pi/2$）とすると，（1.24）式を参考に，応力 $\sigma(t)$ は次のようになります（正弦波の振幅を σ_0 とする）．
$$\sigma(t) = \sigma_0\cos(\omega t + \delta) \quad\cdots\cdots\cdots\quad (1.25)$$
　（1.25）式の右辺に三角関数の加法定理を使い，
$$\sigma(t) = \sigma_0\{\cos(\omega t)\cos\delta - \sin(\omega t)\sin\delta\}$$

先の関係式 $\cos(\varphi+\pi/2) = -\sin(\varphi)$ を代入し，

$$\sigma(t) = \sigma_0 \cos\delta \underline{\cos(\omega t)} + \sigma_0 \sin\delta \underline{\cos(\omega t + \pi/2)} \quad \cdots\cdots (1.26)$$

が得られます．

(1.26) 式の右辺第 1 項の下線部は (1.21) 式より理想的な弾性体の応力応答と，右辺第 2 項の下線部は (1.24) 式の理想的な粘性体の応力応答の時間に依存する部分とそれぞれ同じ形です．つまり粘弾性体では，正弦歪みの印加に対する応力応答は

粘弾性体の応力応答 ＝ 理想的弾性体としての応答成分
＋ 理想的粘性体としての応答成分

のようになります．弾性率 G は ω の関数となるので

$$\sigma(t) = G(\omega)\gamma(t)$$

$$G(\omega) = \sigma(t)/\gamma(t)$$

(1.26) 式を考慮すると $G(\omega)$ は（弾性応答成分＋粘性応答成分）ということになり，

弾性応答成分： $(\sigma_0/\gamma_0)\cos\delta$

粘性応答成分： $(\sigma_0/\gamma_0)\sin\delta$

となります．

粘性応答成分の位相が弾性応答成分の位相より $\pi/2$ 進むことを図 1.14 と図 1.15 を使って説明した複素数を用いて表すと，

$$G^*(\omega) = G'(\omega) + \mathrm{i}\, G''(\omega)$$

$$G'(\omega) = (\sigma_0/\gamma_0)\cos\delta$$

$$G''(\omega) = (\sigma_0/\gamma_0)\sin\delta$$

となります．ここで，G^*：複素弾性率，G'：貯蔵弾性率，G''：損失弾性率，i：虚数単位です．

④ 指数を使った複素数表示での計算

動的粘弾性を数式で扱うには，実は，これから示すような指数を使った複素数表示を使った方が簡単です．

図 1.14 に示すように複素数 Z^* の実数部が x，虚数部が y とすると，

$$Z^* = x + \mathrm{i}y \quad \cdots\cdots (1.27)$$

となります．ただし，i は虚数単位で $\mathrm{i}^2 = -1$ です．

第1章 最小限のレオロジー知識で化粧品を理解するために

$Z*$ の絶対値 ($|Z*|$) の実数軸への射影 (それぞれ, 実数部と虚数部の成分 x, y に相当) は

$x = |Z*| \cos\theta$

$y = |Z*| \sin\theta$

となり, 図 1.15 右図の三平方の定理を使うと次式が得られます.

$|Z*|^2 = x^2 + y^2$

したがって,

$Z* = |Z*| (\cos\theta + i \sin\theta)$ ……… (1.28)

ここで, オイラーの式 ($e^{i\theta} = \cos\theta + i \sin\theta$, e は自然対数の底) を使うと (1.28) 式は

$Z* = |Z*| e^{i\theta}$ ……… (1.29)

ただし, $\theta = \tan^{-1}(y/x)$

と表記できます. この表記を使うと, 複素数を指数として扱え, 計算がとても楽になります. 以下, この表記法で再度, レオロジー応答を説明しましょう.

印加する歪み $\gamma(t)$ を次式とします (γ_0 は振幅, ω は角周波数).

$\gamma(t) = \gamma_0 e^{i\omega t}$ ……… (1.30)

理想的な弾性体の場合には, 弾性率を G とすると, (1.1) 式より,

$\sigma(t) = G\gamma_0 e^{i\omega t} = G\gamma(t)$

となり, 応力応答波は歪み波と同位相になります.

理想的な粘性体の場合には, 粘性率を η とすると, (1.2) 式より,

$\sigma(t) = \eta(d(\gamma_0 e^{i\omega t})/dt)$

$\sigma(t) = i\omega\eta\gamma_0 e^{i\omega t} = i\omega\eta\gamma(t)$

となり, 応力応答波の位相は歪み波より $\pi/2$ 進むことになります.

粘弾性体の場合は, 応力波は歪み波より δ だけ位相が進むことより,

$\sigma(t) = \sigma_0 e^{i(\omega t + \delta)} = \sigma_0 e^{i\delta} e^{i\omega t} = e^{i\delta}\gamma(t)$ ……… (1.31)

となります. ここで, 粘弾性体の複素弾性率を $G*$ とすると

$\sigma(t) = G*\gamma(t)$

となり, $G*$ は (1.30) 式と (1.31) 式より

$G* = \sigma(t)/\gamma(t) = \sigma_0 e^{i(\omega t + \delta)}/\gamma_0 e^{i\omega t} = (\sigma_0/\gamma_0) e^{i\delta}$

$$= (\sigma_0/\gamma_0)(\cos\delta + i\sin\delta)$$
$$= G' + iG''$$

ここで，G'：貯蔵弾性率，G''：損失弾性率，i：虚数単位．
ただし，$G' = (\sigma_0/\gamma_0)\cos\delta$，$G'' = (\sigma_0/\gamma_0)\sin\delta$
となります．

⑤ マクスウェルモデルが示す動的粘弾性応答

先に，マクスウェルモデルを使って，一定の外力により歪んだ粘弾性体サンプルの内部応力が時間とともに緩和する現象を定性的に説明しました．ここでは，マクスウェルモデルに従う緩和モードが正弦的な歪みを印加された場合の粘弾性応答を説明します．サンプルに加える歪み $\gamma(t)$（γ_0：振幅）と検出される応力を $\sigma(t)$（σ_0：振幅）とします．

$$\gamma(t) = \gamma_0 e^{i\omega t}$$
$$\sigma(t) = \sigma_0 e^{i(\omega t + \delta)}$$

マクスウェル模型のバネの弾性率を G，ダッシュポットの粘性率を η とすると，(1.7) 式より基礎方程式は

$$d\gamma(t)/dt = (1/G)(d\sigma(t)/dt) + (1/\eta)\sigma(t) \quad \cdots\cdots (1.32)$$

となります．(1.32) 式に $\gamma(t)$ と $\sigma(t)$ を代入すると，

$$i\omega\gamma_0 e^{i\omega t} = (i\omega\sigma_0 e^{i(\omega t+\delta)})/G + (\sigma_0 e^{i(\omega t+\delta)}/\eta)$$

となり，この式の両辺を $i\omega e^{i\omega t}$ で割り，

$$\gamma_0 = (\sigma_0 e^{i\delta}/G) + (\sigma_0 e^{i\delta}/i\omega\eta) = (\sigma_0 e^{i\delta})(G + i\omega\eta)/i\omega\eta G$$

が得られます．ここで，マクスウェルモデルの複素弾性率を $G^*(\omega)$ とすると，

$$G^*(\omega) = \sigma(t)/\gamma(t) = (\sigma_0/\gamma_0)e^{i\delta} = i\omega\eta G/(G + i\omega\eta)$$
$$= i\omega G\tau/(1 + i\omega\tau)$$
$$= G\omega^2\tau^2/(1 + \omega^2\tau^2) + i\,G\omega\tau/(1 + \omega^2\tau^2)$$

ただし，τ は緩和時間で，$\tau = \eta/G$．以上より，複素弾性率の各パラメータは

貯蔵弾性率：$G'(\omega) = G\omega^2\tau^2/(1+\omega^2\tau^2) \quad \cdots\cdots (1.33)$

損失弾性率：$G''(\omega) = G\omega\tau/(1+\omega^2\tau^2) \quad \cdots\cdots (1.34)$

損失正接：$\tan\delta(\omega) = G''(\omega)/G'(\omega) = 1/\omega\tau \quad \cdots\cdots (1.35)$

となります．

(1.33) 式から (1.35) 式を使うと，マクスウェルモデル型の緩和モードが

示す G^* の角周波数 ω 依存性がわかります．マクスウェルモデルの G を 100 Pa, η を 100 Pa・s, τ を 1 s とした場合の結果を図 1.16 に示します．なお，この図は横軸，縦軸ともに対数で示した両対数プロット図です．両対数プロット図について馴染みのない方は，【用語の補足説明】を参照ください．

図 1.16 からわかるように，貯蔵弾性率 G' の高角周波数域の極限値は G 値である 100 Pa となります．G' と損失弾性率 G'' が交わり，G'' 値が極大をとる角周波数は緩和時間の逆数 $1/\tau$ で，G'' 値の極大値は $G'/2$ になります．低角周波数域へ向け，G' は傾き 2 で，G'' は傾き 1 でそれぞれ値が小さくなっていきます．$\tan\delta$ については全角周波数域で -1 の傾きになります．なお，これらグラフの傾きがこのようになる理由は，(1.33) 式から (1.35) 式で $\omega t \to 0$ とした際（つまり，$1+\omega t = 1$）の ω にかかる指数よりわかります．

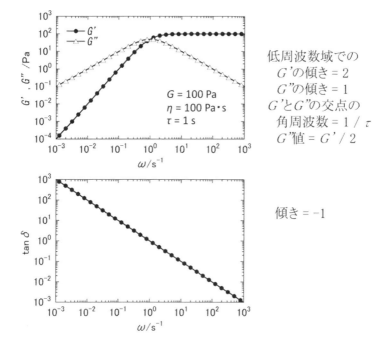

図 1.16　マクスウェルモデルの貯蔵弾性率 G'，損失弾性率 G''（上図）および損失正接 $\tan\delta$（下図）の角周波数 ω 依存性

+++++【用語の補足説明】+++++++++++++++++++++++++++++
両対数プロット図（両対数グラフ）：

　10 を a 乗すると，ある数 A になるとします．つまり，$A=10^a$ で，a は 10 を底とする A の対数（10 を底とする対数を常用対数）といい，$\log_{10} A = a$ と表記されます．ここで，$\log_{10}$ が常用対数を表す記号です．もう少しわかりやすい例として，10 を 3 乗すると 1000 になりますが，これは $1000 = 10^3$ と書けます．先の例でいえば，ある数 A が 1000 で，a 乗が 3 乗にあたり，$\log_{10} 1000 = \log_{10} 10^3 = 3$ と表記できます．常用対数には次の式のように，二つの数の積の対数が，それぞれの数の対数の和になるという性質があります．

$$\log_{10}(C \times D) = \log_{10} C + \log_{10} D$$

そのため 10^n の常用対数は，n 個の 10 の積と同じですので，

$$\log_{10} 10^n = n \times \log_{10} 10 = n \times 1 = n$$

となります．

　常用対数の値の例を次に示します．

　　　$\log_{10} 0.01 = -2$, $\log_{10} 0.1 = -1$, $\log_{10} 1 = 0$,
　　　$\log_{10} 2 \fallingdotseq 0.3010$, $\log_{10} 3 \fallingdotseq 0.4771$, $\log_{10} 4 \fallingdotseq 0.6021$, $\log_{10} 5 \fallingdotseq 0.6990$,
　　　$\log_{10} 6 \fallingdotseq 0.7782$, $\log_{10} 7 \fallingdotseq 0.8451$, $\log_{10} 8 \fallingdotseq 0.9031$, $\log_{10} 9 \fallingdotseq 0.9542$,
　　　$\log_{10} 10 = 1$, $\log_{10} 100 = 2$, ・・・

このように，10^n（n は整数）の形で表現できる数の常用対数値は整数 n となります．また，ある数を $A \times 10^n$（n は整数）と表すと，その常用対数は

$$\log_{10}(A \times 10^n) = \log_{10} A + \log_{10} 10^n = n + \log_{10} A$$

となります．

　今，ある数 x を 100 倍しそれを y とします．具体的には，次のような (x, y) の組を考えます．

　　　　　　(0.01, 1), (0.02, 2), (0.04, 4) (0.06, 6), (0.08, 8)
　　　　　　(0.1, 10), (0.2, 20), (0.4, 40), (0.6, 60), (0.8, 80)
　　　　　　(1, 100), (2, 200), (4, 400), (6, 600), (8, 800)

これらを通常のグラフと両対数のグラフにプロットしてみた結果を図 1.17 に示します．通常のグラフでは桁が小さい部分のプロットの間隔が狭くなるのに対し，両対数グラフでは小さな桁のプロット点も広い間隔になっています．これは，先の $\log_{10}(A \times 10^n) = \log_{10} A + \log_{10} 10^n = n + \log_{10} A$ 式からわかるように，両対数グラフでは，すべての桁が同じ間隔で刻まれ，各桁の中で先の 2～9 の常用対数値

第1章　最小限のレオロジー知識で化粧品を理解するために

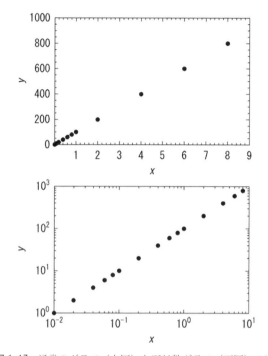

図 1.17　通常のグラフ（上図）と両対数グラフ（下図）の比較

の比で目盛りが刻まれるためです．
++

　ここまで，動的粘弾性の基本事項について定性的に説明してきました．実は，《数式で説明すると》の部分のように，数式を使った方が説明は楽になります．しかし，筆者もそうですが，数式が苦手な方が多いのが現実ですので定性的な説明を行ってきました．動的粘弾性測定においても，当然，外力による歪みの印加により，内部応力が生じ，それを測定しています．測定時に生じる内部応力は，測定サンプル中の構成要素，例えば，図 1.8 に示すような構造を有するものなら，分散質や分散媒中の高分子や界面活性剤分子が形成する構造体の変形などにより生じます．その際，弾性変形であれば歪みと同位相の，粘性変形であれば $\pi/2$ 位相が進んだ応力正弦波が観測されることになります．

実は，ある一つの緩和モードが示す動的粘弾性応答はマクスウェルモデルの粘弾性応答として表現できますが，それを言葉のみで伝えるのは難しいものです．もし，動的粘弾性応答を視覚として表現できれば，数式が苦手な方でもイメージとして理解できるはずです．《数式を使って説明すると》の部分の図 1.16 に，マクスウェルモデルが示す動的粘弾性応答を複素弾性率 G^* の角周波数 ω 依存性として示しましたので，図およびその特徴について記した部分はぜひとも見て覚えて下さい．

一般的には，サンプル中には緩和時間が異なる複数の緩和モードがあり，図 1.18 に示すように複数のマクスウェルモデルの重ね合わせ（並列接続）として表現できます（結果のみ示します）．図は緩和時間が離れた 3 個のモードを重ね合わせた例であり，グラフからも 3 個の重ね合わせであることがわかります．ごくまれな例外（後で記すような，ひも状ミセルやフラワーミセル溶液）を除き，通常観測される緩和モードは，わずかに緩和時間が異なる複数個のマクスウェルモデルの重ね合わせで，G^* の角周波数依存性は図 1.18

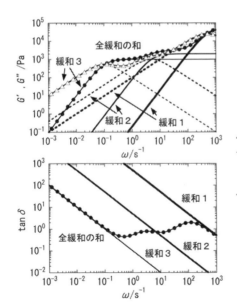
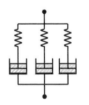

	G / Pa	η / Pa·s	τ / s
緩和1	50000	2000	1000
緩和2	100	400	10000
緩和3	0.002	0.2	10

図 1.18　3 個のマクスウェルモデルを並列に接続した系の貯蔵弾性率 G'，損失弾性率 G''（上図）および損失正接 tanδ（下図）の角周波数 ω 依存性

に示すようなシャープなものでなく，もっと緩やかな角周波数依存性を示します．理由は，実在物の構造の分布は，大きいためです．

とはいえ，図 1.18 に示す複素弾性率 G^* の角周波数依存性パターンを知っておくことは重要です．実際に，化粧品などの G^* の角周波数依存性を測定すると，図 1.18 のグラフの低角周波数側に似たパターンの結果が得られることが多くあります．最も角周波数が低い領域に見られる緩和は分散質の重心が移動する（つまり，流れる）モード（例えば，エマルションでは分散質である液滴の流動）の応答であり，そのモードに関与する部分の緩和時間の分布が狭ければ，貯蔵弾性率 G'，損失弾性率 G'' および損失正接 $\tan\delta$ の角周波数依存性は図 1.18 のようになります．緩和時間分布が狭いほど，低周波数域へ向けて，G' は傾き 2 で，G'' は傾き 1 で低下します．

1-2-3　G^* の歪み依存性と得られる情報

3 種の基本的なレオロジー測定の最初は，複素弾性率 G^* の歪み依存性測定です．この測定は一定の角周波数（例えば，12.56 s^{-1}）で，測定サンプルに加える歪みを，小さな歪み（例えば，10^{-5}）から大きな歪み（例えば，10）へと増やしながら動的粘弾性測定を行う方法です．測定を行うには，測定サンプルを化粧品容器から取り出し，円錐-円板セル間に挟み込む（充填あるいはセットする）必要があります．測定セルへのセット操作により，静置時の化粧品の構造は乱されたり壊されたりします．構造を少し回復させる目的とサンプル温度を測定温度に合わすために，通常，4 分間の静置時間を設けて測定を行っています．

＜例題 4＞

回転型レオメータを使ってレオロジー測定を行う場合，理想的には図 1.9 で示したような円錐-円板セルを使うべきですが，上部セルも円板状の円板-円板セルが使われることもあります．これら両セルの一部を拡大したイラストを，計算に必要な形状情報と一緒に図 1.19 に示します．両セルについての半径 r の位置での歪みの計算式を求め，その特徴を記して下さい．ただし，

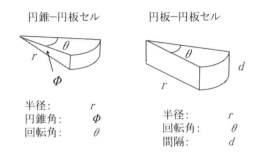

図 1.19 円錐-円板セル,円板-円板セルでの歪み計算のために

図の円錐角は小さいものとして,$\sin\Phi = \Phi$ とします.

<解答例>

図 1.1 より歪み γ は,

γ =ずり変形量/サンプル厚み

より求まります.すると,図 1.19 の情報より,円錐-円板セルについては,サンプル厚みは $r\Phi$,ずり変位は $r\theta$ となり歪み γ は次式のようになります.

$\gamma = r\theta/r\Phi = \theta/\Phi$

円板-円板セルについては,サンプル厚みは d,ずり変位は $r\theta$ となり,

$\gamma = r\theta/d$

となります.両式を比べると,円錐-円板セルでは半径位置によらず歪みは一定値 θ/Φ なのに対し,円板-円板セルでは半径位置により歪み値が異なることがわかります.このことより,円錐-円板セルではどの半径位置でも歪みは一定なのに対し,円板-円板セルでは内周側へ向かって歪み値が小さくなります.そのため,大変形下ではこの差が結果に影響し,円板-円板セルで測定を行った場合の弾性率値や粘性率値は真の値より小さくなります.

図 1.20 にシリコーンガム(図 1.3 で説明)についての複素弾性率 G^* の歪み γ 依存性の測定結果を示します.貯蔵弾性率 G',損失弾性率 G'',および損失正接 $\tan\delta$ ともに低歪み側からある大きさの歪みまでは一定値を保ち,その後,G' と G'' は低下,$\tan\delta$ は増加します.低歪み域の G',G'' および $\tan\delta$ が歪みによらず一定値をとる領域を線形歪み領域といいます.この領域を示す印加歪

第1章 最小限のレオロジー知識で化粧品を理解するために

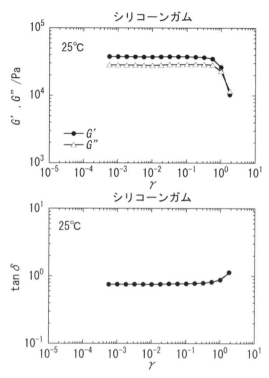

図1.20 シリコーンガムの貯蔵弾性率 G',損失弾性率 G''（上図）および損失正接 $\tan\delta$（下図）の歪み γ 依存性

み内では，測定サンプルの静置状態での構造が保たれ，これより大きな歪みが加わると静置時とは異なった構造に変化したり構造の破壊が生じます．

複素弾性率 G^* の歪み依存性から得られる情報は，①$\tan\delta$ 値の大小による測定サンプルの大まかな状態の把握（粘性的なのか弾性的なのか），②線形歪みの範囲，③静置状態で形成されている構造の壊れ方です．②については，動的粘弾性測定を行う際に重要で，動的粘弾性測定は線形歪みの範囲下の歪みで測定しなければなりません．理由は，線形歪みより大きな正弦歪みを測定サンプルに加えると，応答として生じる応力波の正弦波形が歪むようになり，両波の位相差を定義できなくなるためです．

位相差を定義できないと，測定結果を弾性項（貯蔵弾性率項）と粘性項（損

失弾性率項）に分けることができないことになります．したがって，複素弾性率 G^* の歪み依存性測定より得られる，線形歪みを超えた部分の貯蔵弾性率 G'，損失弾性率 G'' および損失正接 $\tan\delta$ は物理的には無意味となります．ところが，市販のレオメータでは，印加した歪みが線形歪み域であろうがなかろうが，G'，G''，および $\tan\delta$ を測定結果として表示します．そのため，非線形歪み域，つまり線形歪みを超えた歪みでの測定データの取り扱いには注意が必要になります．

しかしながら，線形歪みから非線形歪みに向けての G^* の歪み依存性パターンの差を，商品間の構造や性能の違いを検出するのに使えることがあります．市販レオメータがどのようにして位相差を求めているかは，情報の開示がなくてわかりませんが，再現性良く測定することができるのであれば，企業の研究においては非線形歪み域での結果が含まれていても活用します．その場合，各動的粘弾性パラメータを見かけの値と考え，見かけの貯蔵弾性率 G'_{app}，見かけの損失弾性率 G''_{app}，および見かけの損失正接 $\tan\delta_{app}$ として取り扱います．③については，2-1-3 化粧品の手触り感触への応用で述べるように，塗布時のいくつかの感触を支配します．

1-2-4　G^* の角周波数依存性と得られる情報

3種の基本的なレオロジー測定の2番目は複素弾性率 G^* の角周波数依存性です．この測定は，線形歪みの範囲内で，測定サンプルに加える正弦歪みの角周波数 ω を変えて動的粘弾性測定を行うものです．図 1.21 の模式図を使い，G^* の角周波数依存性測定より得られる結果を定性的に説明しましょう．

もし，サンプルに加わる歪みの角周波数が，サンプル中の構成要素が有す

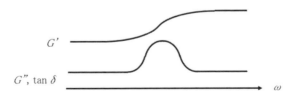

図 1.21　貯蔵弾性率 G'，損失弾性率 G'' および損失正接 $\tan\delta$ の角周波数 ω 依存性のイメージ

る緩和モードの運動速度より十分速い場合には，緩和モードは凍結状態（動けない）にあるため，構成要素の平衡状態近傍での微小変位が関係する弾性変形のみが応答します．運動が凍結している構成要素を変形させるため，変形に要する応力（内部応力）は大きく，大きな G' 値が観測されます．角周波数を緩和モードの速さに近づくように下げながら測定していくと，弾性応答していた構成要素の一部は運動が可能になり粘性応答を示し始め，弾性応答を行う割合は減っていきます（貯蔵弾性率 G' 値が下がる）．この緩和モードの運動が可能になった部分，すなわち，粘性応答を行う部分は増え，粘性項（損失弾性率 G'' や損失正接 $\tan\delta$）は増していきます．

さらに角周波数 ω を下げ，測定サンプルに加える歪みの角周波数とサンプル中の緩和モードの運動の速さとが等しくなる角周波数で，粘性応答は最大になります．その後，さらに印加歪みの角周波数を下げていくと，外部からの歪みの印加速度より緩和モードを示す分子運動の速度の方が次第に速くなっていくため，緩和モードを生じていた構成要素を変形させる（歪ませる）ことができなくなります．この状態では，弾性変形はもちろん，粘性変形も生じ難くなり，G' 値はますます小さくなり，粘性応答も減っていきます．角周波数が緩和モードの運動速度に比べて十分遅くなると，この緩和モードを生じていた構成要素を全く歪ませることができなくなり（構成要素のこの運動モードは存在しないことと同じになり），この緩和モードを生じていた構成要素部に起因する弾性応答も粘性応答もなくなることになります．

理想的な弾性体と粘性体の複素弾性率 G^* の角周波数 ω 依存性（両対数プロットとして表示）を図 1.22 に模式的に示します．理想的な弾性体では，外部から加わった歪みに対して弾性応答のみが生じ，ある一定強度の貯蔵弾性率 G' のみが角周波数に依存せず観測されます．この場合，粘性応答はないので粘性項は観測されません（損失弾性率 G''，損失正接 $\tan\delta$ ともにゼロ）．一方，理想的な粘性体では弾性応答はなく（G' はゼロ），角周波数の低下に対し G'' が傾き 1 で低下する粘性応答のみが観測されます（G'' は角周波数の低下に対して傾き 1 で減少し，$\tan\delta$ 値は無限大）．一方，実在物は粘弾性体で，ゼロや無限大の値ではない G'，G'' および $\tan\delta$ が観測され，緩和モードも複数個見られます．

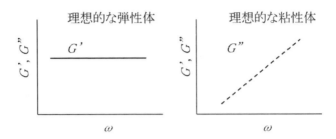

図 1.22 理想的な弾性体（左図）と粘性体（右図）の貯蔵弾性率 G'，損失弾性率 G'' の角周波数 ω 依存性

　最もレオロジーの研究が進んでいる，高分子物質の複素弾性率 G^* の角周波数 ω 依存性の例を図 1.23 の上半分に示します[1]．この図はポリスチレンという高分子の例で，高分子分子を 1 本の鎖と見なした場合に，鎖どうしが絡み合う以外には鎖間に結合点がない高分子物質での例です．高分子の G^* の角周波数依存性は，その外観や性状より，四つの特徴的な領域に分けられています．

　貯蔵弾性率 G' では高角周波数域と中ほどより少し左寄りの角周波数域で角周波数依存性が少ない領域が見られますが，全体的には，高角周波数から低角周波数側へ向かって G' 値が低下していきます．最も角周波数が高い領域にある G' の角周波数依存性が少ない領域は，高分子物質が固体として振る舞う部分で，ガラス領域といわれます．

　固体には，金属，塩，砂糖のように原子や分子が一定の間隔で規則正しく並んだ結晶性固体と，原子や分子の並び方に規則性のない，まるで液体の構造がそのまま凍結したような状態になっているアモルファス（無定形）固体があります．古くから知られているアモルファル固体の代表例はガラスで，ガラスにちなみ，この固体状態はガラス状態といわれています．高分子物質の固体状態もこの例で，図 1.23 で固体的な振る舞いをする部分をガラス領域と呼んでいます．

　図 1.23 の中央部より左寄りの部分にある，貯蔵弾性率 G' の角周波数 ω 依存性が少ない領域は，ゴムのように振る舞う領域で，ゴム領域と呼ばれます．この領域では，高分子の表面を指先で押すと凹みますが，指先を離すと，表

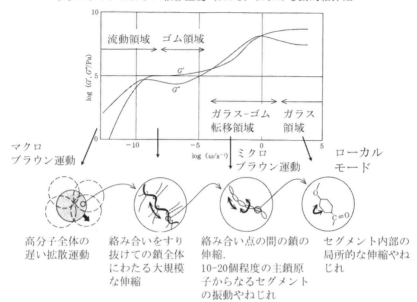

図 1.23 高分子の貯蔵弾性率 G'，損失弾性率 G'' の角周波数 ω 依存性（例）．尾崎邦宏著：レオロジーの世界，森北出版，pp.82-86（2011）をもとに作成

面はゆっくりと元に戻ります．ガラス領域とゴム領域の間に G' の角周波数依存性が強い領域がありますが，この部分はガラス領域からゴム領域へ向かう領域ということで，ガラス-ゴム転移領域と呼ばれています．ゴム領域の低角周波数側に，G' が低角周波数側へ向けて大きく低下する部分がありますが，液体のように振る舞う領域であることより，流動領域と呼ばれます．

図 1.23 の上半分を使って，高分子鎖どうしが絡み合う以外には高分子鎖間に結合点がない高分子物質が示す，複素弾性率 G^* の角周波数 ω 依存性に見られる四つの領域（ガラス領域，ガラス-ゴム転移領域，ゴム領域および流動領域）について説明しました．実は，この四つの領域では，生じている分子運動（緩和モード）が異なっており，その結果として高分子物質の外観と性状が異なってきます．図 1.23 の下半分を使ってこれらの緩和モードについて簡単に説明します．

観測される角周波数が最も低い流動領域の緩和モードはマクロブラウン運動と呼ばれ，他の高分子との絡み合いをすり抜ける高分子鎖全体の遅い拡散運動とされています．ゴム領域の緩和モードは，絡み合い点をすり抜けての高分子鎖全体にわたる大規模な伸縮とされています．ガラス-ゴム転移領域で生じる緩和モードはミクロブラウン運動と呼ばれるモードで，高分子鎖の絡み合い点の間の鎖の伸縮で，高分子鎖の骨格を構成する原子10～20個程度の比較的変形しにくい，セグメントと呼ばれる部分を単位とする振動あるいはねじれとされています．ガラス領域で生じる緩和モードはセグメント内部の局所的な伸縮やねじれとされています[1]．

　図1.23に見られるように，緩和モードが生じる角周波数 ω 域で，貯蔵弾性率 G' は低下し損失弾性率 G'' は極大を示します．ただ，実在物では，構造の不均一性や他の緩和との重なりなどにより G'' の極大がうまく観測されないことが多いようです．

+++++【用語の補足説明】++++++++++++++++++++++++++++
ブラウン運動，ミクロブラウン運動，マクロブラウン運動：
　ブラウン運動とは，液体のような溶媒中（媒質としては気体，固体もあり得る）に浮遊する微粒子（例：コロイド）が，不規則（ランダム）に運動する現象．1827年に，Robert Brownが，水の浸透圧で破裂した花粉から水中に流出し浮遊した微粒子を，顕微鏡下で観察中に発見した．この現象は長い間原因が不明のままであったが，1905年，アインシュタインにより，熱運動する媒質の分子の不規則な衝突によって引き起こされているという論文が発表された．（以上，フリー百科事典『ウィキペディア』より）

　ブラウン運動の起源が分子の熱運動であることより，高分子の熱運動についても，高分子鎖のセグメント単位での運動をミクロブラウン運動，鎖全体の拡散運動をマクロブラウン運動として区別したもの．
++

　以上のように高分子物質には緩和モードが多数存在することにより，高角周波数 ω から低角周波数に向かって，貯蔵弾性率 G' は階段状に低下し，G' が低下する領域で損失弾性率 G'' もショルダーまたは極大を示しながら低下

します．損失正接 tanδ についても，G' が低下する領域で極大またはショルダーを示します．高分子鎖の幾何学的な絡み合い以外に架橋点を持たない高分子物質の最も低い角周波数域に観測される緩和モード（最長緩和モード）は，高分子鎖の重心位置の移動（つまり，流動．高分子ではマクロブラウン運動といわれる）で，両対数軸で表示された複素弾性率 G^* の角周波数依存性グラフにおいて，ω の低下に伴い G' は傾き 2，G'' は傾き 1 で低下し，tanδ は傾き -1 で増加します．なお，流動しないサンプルの場合（例えば，化学的な架橋点が存在する）にはこの緩和モードはありません．

複素弾性率 G^* の角周波数依存性ですが，通常，次のようにして測定しています．この測定には測定時間が 1 時間以上かかることがあります．一方，レオロジー測定を行うためには，化粧品容器から中身の一部を取り出して測定セル内へセットしなければなりません．その際，化粧品が静置状態で形成している構造が壊れることが多く，静置時の構造に対応した測定結果を得るには，化粧品の構造回復を考慮した静置時間を設けた上で測定を行う必要があります．例えば，化粧クリームのように最長緩和モードの緩和時間が長いサンプルでは構造回復に要する時間が長く，通常，測定開始前に 30 分程度の静置時間を設けて測定しています．角周波数依存性測定は角周波数 628～0.00628 s^{-1} の範囲を対数で 16 等分し，各測定周波数で 2 周期程度の歪みがサンプルに加わる条件で測定しています．なお，測定中に生じる可能性のある，サンプルの乾燥は間違った結果を与えるので，乾燥を防ぐために測定部を可能な限りシールする工夫も必要になります．

1-2-5 粘性率のずり速度依存性と得られる情報

基本的なレオロジー測定の 3 番目は粘性率 η のずり速度依存性測定です．粘性率のずり速度依存性の意味と，データの解釈の仕方については，系統的に記された文献などがないようです．そのため，経験的に，次のような測定の実施とデータの解釈を行っています．なお，以下はずり流動の印加により流動硬化現象（流動が加わることにより η 値が増加しない）が生じない系を念頭においています．

通常，実験時間，手間および使用する測定サンプル量を節約するため，複

素弾性率 G^* の角周波数依存性を測定した後に，同一サンプルを用いて続けて，粘性率 η のずり速度 $d\gamma/dt$ 依存性を測定しています．測定は 2 段階で行っており，1 段階目では 0.0001 s^{-1} からずり速度を上げながら 1000 s^{-1} まで測定します．この間の測定点数は対数スケールで等分割して 22 点，各測定点での計測時間は 30 s から 2 s までを対数スケールで等分割した時間としています．2 段階目は 1000 s^{-1} から 0.001 s^{-1} までを，ずり速度を下げながら測定します．測定点数は 19 点（対数スケールで等分割）で，各測定点での測定時間は 2 s から 30 s までを対数スケールで等分割して測定を行っています．

　この条件で，粘性率 η のずり速度依存性測定を行うと，1 段階目の測定が終了した時点で,測定サンプルには 4000 程度にまでもなる大きな歪みが加わることになり，ニュートン液体以外のサンプルではその線形歪み値を大きく上回ることになります．また，ずり流動がサンプルに加わり続けることにより，サンプル中の何らかの構造が壊れた場合，壊れた構造の回復に関係する運動（緩和）モードの速度が，引き続きサンプルに加わるずり速度より遅い場合には，壊れた構造が回復することはありません．そのため，静置状態で形成された構造は，1 段階目の測定中のずり流動の下で変化または壊されると思われます．一方，2 段階目の測定では，徐々にサンプルに加えるずり流動の速度を遅くして測定していきます．つまり，2 段階目の測定では，構造回復に寄与する緩和モードの速度に応じて，1 段階目の測定中に変化または壊された構造が次第に回復されていくと思われます．

　1 段階目の測定において，ずり流動が加わることにより構造の変化や破壊が生じないサンプルの場合には，粘性率 η はずり速度によらず一定の値になると予想されます．実際に，ニュートン液体に近いサンプルでは，このような結果が得られます．高分子溶液中の高分子のように，高ずり速度下では運動単位のサイズや形が変化するものでは，η 値は低ずり速度域で一定の値を示した後，高ずり速度域ではずり速度とともに低下するという挙動（ずり軟化と呼ばれます）を示します．凝集性のエマルションやサスペンションのように，ずり流動の印加により凝集構造が壊れていくと思われる場合には，η 値がずり速度の増加につれ低下する挙動が観測されます．

　粘性率 η のずり速度依存性を測定した結果,2 段階目に測定された粘性率 η

第 1 章　最小限のレオロジー知識で化粧品を理解するために　　　*51*

+++++【用語の補足説明】++++++++++++++++++++++++++++++
凝集性：
　分散媒である液体中に液滴や固体粒子からなる分散質が分散した分散物において，分散質間にお互いに引き合う相互作用力により，分散質同士が寄り集まろうとする性質．
+++

　値が 1 段階目の測定値と重なる結果が得られた場合には，1 段階目の測定時に生じた構造の変化や破壊が，2 段階目の各測定点の観測時間内で完全に回復できていると解釈しています．一方，2 段階目の観測 η 値が 1 段階目より小さくなる場合には，構造が全く回復しないか，回復が部分的であると解釈しています．

　粘性率 η データの解釈に際して注意する点として，得られた値がどの状態の η 値であるかということがあります．すなわち，測定ずり速度がサンプルの最長緩和モードの緩和時間の逆数より小さい場合には，緩和時間程度以上の流動を加えないと流動は定常流動状態にならず，本来の η 値（定常流状態の粘性率値）に比べて小さな値が得られます．また，凝集性の乳化・分散系のサンプルのように流動場で構造が壊れていくものでは，η 値は定常値にならないことが多いようです．

1-2-6　皮膚上にのせた化粧品滴の挙動とレオロジー特性

　ここまでで化粧品のレオロジーに必要な基礎事項について説明してきましたので，これらを使って，本章の目的であった，化粧品滴や塊（以下，化粧品滴）の肌上での崩れ広がる様子の違いがレオロジー特性のどの部分に反映されるかという話題に移りましょう．図 1.24 の上図に肌上での化粧品滴の崩れ広がる様子の差をよりはっきりと見せるために，サンドブラスト処理（砂粒を高速でぶつけることにより被処理物表面を粗面化するもの）により化粧品滴が滑るのを防ぐようにした金属板上に化粧品滴をのせ，金属板を傾けた際の化粧品滴の垂れる様子を示します．液滴／空気界面と液滴／肌界面との界面張力を考えなければ，液滴が肌上で流れ広がるかどうかは，流動させる

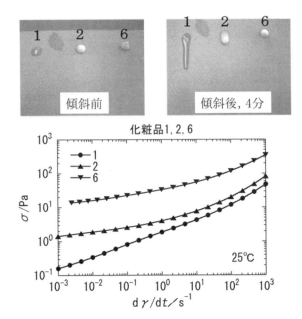

図 1.24 化粧品の傾斜面での挙動の違い(上図)と粘性率 η のずり速度 dγ/dt 依存性測定の 2 段階目でのずり応力 σ とずり速度との関係(下図)

のに必要な力(今の場合は重力による力)が化粧品構成要素間の凝集力より大きいかどうかで決まります.

化粧品滴を肌上にのせるには,先ず,化粧品容器から化粧品の一部を取り出す必要があります.この際に化粧品は変形や流動を受け,静置状態とは異なった状態(静置状態で形成されていた構造が壊れている)になっているはずです.すると化粧品滴が肌上で崩れ広がるかどうかは,この変形や流動を受けた後の状態での構成要素間の凝集力が,重力により流動させようとする力と比べて大きいか小さいかということになります.

基本的なレオロジー測定のうち,これに近い状況は,粘性率 η のずり速度依存性の測定中に見出せます.前述のように低速度からずり速度を上げていく 1 段階目は,サンプル中に形成されている静置状態の構造を壊していく過程であると考えています.一方,高ずり速度から低ずり速度にずり速度を下げていく 2 段階目の測定では,1 段階目の測定中に加わるずり流動により壊

されたサンプルの構造が次第に回復していくと考えられます．化粧品容器の中からその一部を取り出し，肌上にのせるという動作中に化粧品の静置時の構造は壊れますが，η のずり速度依存性測定の 1 段階目で同様なことが生じると考えられます．続いて，肌上に乗った化粧品滴は，重力により周りに崩れ広がろうとすると同時に，静置時の構造を回復しようともします．

　η のずり速度依存性測定の 2 段階目では，測定サンプルに加わるずり流動の速度が次第に小さくなっていくので，ある時点（構造回復に寄与する緩和モードの速度が，サンプルに加わるずり流動の速度より速くなる点）からは構造回復が生じることになります．経験的に，化粧品滴が垂れたり，周りに流れ広がる程度は，η のずり速度依存性測定の 2 段階目のずり速度が 10^{-2} ～ 10^{-3} s^{-1} 程度付近のずり応力値の大小で説明がつくようです．

　図 1.24 の下図に各化粧品サンプルの 2 段階目でのずり応力 σ とずり速度 $d\gamma/dt$ との関係を示します．化粧品塊の垂れ量とずり速度 10^{-2} s^{-1} での応力値を比べると，この応力値が大きいほど垂れ難いことがわかります．

第2章　化粧品開発へのレオロジーの応用

　化粧品開発へのレオロジーの応用についての話を始める前に，構造把握手法として世の中で普及している測定手法と比較しながら，レオロジー手法がポテンシャルとして持っていると筆者が考えている応用可能性について記したいと思います．

　一般にものの構造を知りたい場合，図 2.1 に示すような広い周波数（電磁波の正弦波形が 1 秒間に振動する回数）（振動数が高いほど電磁波のエネルギーは高い）範囲にわたる電磁波を，構造を知りたい物質に照射し，得られる応答からその構造を推定します．物質は原子（原子核と電子からなる）や分子（複数個の原子が化学的に結合して形成される）からできていますが，原

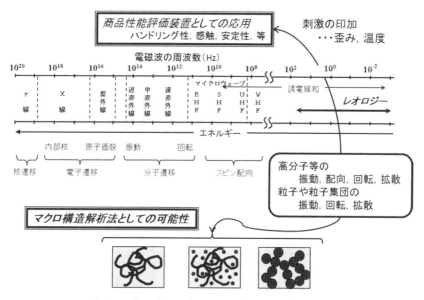

図2.1　レオロジーのポテンシャルとしての応用可能性

子や分子の空間的な配置の仕方や隣り合う原子との結合の仕方は物質ごとに異なっています．

　空間的な配置構造については，原子の位置情報がわかればよく，例えば，X線が検出用の電磁波として使用されます．物質を構成する原子にX線が照射されると，電子との相互作用の結果，各原子を発生源とする2次X線が四方八方に放出されます（周波数は，照射されたX線と同じ）．X線は波の性質を持ちますので，もし，二つの2次X線正弦波の山の部分が重なると波の強度は強まり，山と谷の部分が重なると強度が弱まるという具合に干渉現象が生じます．物質中の各原子から放出された2次X線がお互いに干渉する結果，物質から特定の方向にのみX線が放出されることになります．2次X線が放出される方向は，物質中の原子の空間配置で決まるため，観測されたX線の方向と強度より，逆に，物質中の原子の空間配置を知ることができます．

　分子は複数個の原子が化学的に結合したものですが，分子の構造を知るには，どのような原子がどの化学結合で繋がっているのかという情報も必要になります．原子では原子核の周りを電子が回っていますが，原子と原子が化学結合で繋がると，両原子間にまたがる新たな電子の周回軌道が形成されます．この軌道には2個の電子が入りますが，両原子から1個ずつ供給されるもの（共有結合）と片方の原子のみから供給されるもの（配位結合）があります．また，共有結合の場合，1個の結合ができる場合（一重結合）に加え，2個の結合ができる場合（二重結合）と3個の結合ができる場合（三重結合）があります．

　軌道中の電子は，通常は，最もエネルギーレベルが低い軌道にいますが，紫外から可視光領域の電磁波が照射されると，ある特定波長の電磁波を吸収して，よりエネルギーレベルが高い軌道に移ります．各軌道間のエネルギーレベルの差は化学結合の種類で決まっているため，ある分子に紫外から可視光領域の電磁波を照射すると，特定の波長の電磁波が吸収されます．吸収された電磁波の波長がわかれば，どの原子と原子の組み合わせの結合があり，その化学結合の種類に関する情報が得られ，分子を構成する化学結合の様子（二重結合や三重結合の有無など）を知ることができることになります．

　化学結合は原子と原子が繋がることにより形成されますが，その結合距離

は，エネルギー的に最も低くなる距離となります．もし，何らかの原因で結合距離が短くなったり長くなったりすると，元の位置に戻ろうとする復元力が働きます．各化学結合間に復元力があることより，複数の原子が繋がった構造体では，化学結合間の距離の伸びや縮み，連続する化学結合が作る角の狭まりや広がりといった微小振動が生じます．また，複数の共有結合（一重結合）が繋がっている場合，ある一重結合（これを結合1とする）に繋がる隣の一重結合は，結合1の結合軸の回り360度分のどこにでも位置することが可能です．そのため，複数の原子から形成されている分子では，含まれている化学結合間の伸縮や回転，連続する複数化学結合による伸縮，ねじれ，回転といった分子運動が可能になります．

　数個の化学結合からなるユニットが示す分子運動に必要なエネルギーは化学結合形成に関与する電子の運動のエネルギーよりは低く，ちょうど，赤外線付近の電磁波のエネルギーに相当します．ある分子に赤外線を照射すると，分子を構成する化学結合の連なりが示す分子運動に応じた赤外線が吸収されることより，分子中に含まれる化学結合の連なりを知ることができることになります．

　もう少し大きな空間スケールの情報を知りたい場合には，小さな分子ならば分子全体の回転運動や，数個より大きな化学結合の連鎖部については連鎖部の部分的な振動や回転を検出できる誘電緩和法があります．先に，化学結合が形成される際には，二つの原子間にまたがる新しい軌道ができ，その軌道に2個の電子が入ることを説明しました．その際，2個の電子が一方の原子の近くにいる割合が高いと，この原子は負の電荷を，もう一方の原子は正の電荷を帯びた状態となります．正負の電荷対がある距離をおいて存在していますので，これは電気双極子と呼ばれるものが生じた状態です．

　分子中に電気双極子がある分子に，外部から電場を加えると，電気双極子の正側は電場の方向へ，負側は電場と反対の方向に向こうとするため，電気双極子がある化学結合部分が電場に応答して動こうとします．もし，電場を正弦波として与えると，電気双極子部の運動速度と正弦波の電場の反転速度が合えば，電気双極子が電場に追随して運動することになります．

　今の時代，皆さんは，電子レンジをお使いだと思います．実は，電子レン

ジは，今説明している誘電緩和現象を応用した商品なのです．食品には水が多く含まれていますが，水分子は分子全体が大きな電気双極子のようになっています．約 2.5 GHz（図 2.1 中のマイクロウェーブ領域）の電磁波の電場の反転速度は，ちょうど，水分子の回転速度と一致しており，電子レンジ中に食品を入れると，食品中の水分子が活発に回転します．その際，水分子を取り巻く周囲との間に摩擦が生じ，摩擦熱が発生します．この発生する摩擦熱で，食品を温めることができるのです．

誘電緩和では分子中の電気双極子を有する部分の運動性を調べますが，図2.1 に示すように使用できる電磁波の周波数はかなり広い範囲にまたがります．そのため，非常に多くの化学結合が連なったものの遅い分子運動の検出にも使うことが原理的には可能です．しかしながら，誘電緩和法を使うには，分子中に電気双極子が必要であることに加えて，共存する不純物イオン量が少ないことが要求されます．電磁波の周波数が低い領域では，不純物イオンの電場に対する応答が強くでて，電気双極子による応答が隠れて見えなくなります．

化粧品の場合，水（不純物イオンが移動できる経路になる）やイオン性の界面活性剤や塩類などが配合されているために誘電緩和法の強みが活かせない場合が多くなります．使えるとしたら，水相と油相からなる単純なエマルションが O/W（連続相である水相中に油相液滴が分散）タイプなのか W/O（連続相である油相中に水相液滴が分散）タイプなのかの判断や，W/O エマルションの水滴径の算出ということになります．ただしこれらは，サンプルの電気抵抗測定や光学顕微鏡観察などからもわかります．

実は，電磁波を使わずにこの空間スケールの情報が得られる測定法としてレオロジー測定があると考えています．レオロジーでは，単に，外力により測定サンプルを変形させ，その応答である応力を検出することさえできればよいことから，測定サンプルに対する制約はほとんどありません．得られる分子運動などの空間スケールは大きく，高分子や超分子などの振動，配向，回転，および拡散，粒子や粒子集団の振動，回転，および拡散です．また，簡単に測定できる運動の緩和時間スケールとしては 10^{-1} 秒から 10^3 秒程度で，ちょうど，ヒトが実感として感じられる時間スケールと一致しています．そ

のため，筆者はレオロジーがポテンシャルとして持つ可能性として，二つの分野への応用があると考えています．一つは，観測できる分子運動などの時間スケールの視点より，商品性能の評価装置としてレオメータを使うことです．もう一つは，空間スケールの視点より，商品性能を支配していると考えているマクロな構造の把握手法としての応用です．

本章の前半では化粧品性能の評価装置としての，後半では化粧品のマクロ構造の評価手法としてのレオロジーの応用例についての検討例を紹介します．

2-1 化粧品性能の評価法としての応用

2-1-1 化粧品容器からの取り出しやすさ

化粧品が化粧品容器に入った状態で置いてあった状態，すなわち，静置状態にある化粧品のレオロジー特性が関係する性能として，化粧品容器から中味である化粧品を取り出す際の取り出しやすさがあります．通常，乳液やクリームなどは，図 2.2 中のイラストに示すような振り出しボトル容器，チューブ容器，あるいはジャー容器などに入っています．経験より，もし振り出しボトル容器にクリームが入っていたとすると，容器を逆さまにして振っても中味は全く出てこないことは容易に想像できると思います．また，水のように低粘性率の乳液がジャー容器に入っていたとすると，上蓋を外す際に気をつけないと中味はこぼれますし，中味を指先ですくい取るのも難しいことになります．そのため化粧品の性状に応じた，使い勝手の良い容器が選択されているはずです．レオロジーの視点から中味と化粧品容器との関係について考えてみましょう．

振り出しボトルの場合には，容器を逆さまにして振ることで中味を出します．チューブ容器の場合には，指先で容器を押しつぶすようにして中味を絞り出します．ジャー容器の場合には，指先などで中味の一部をすくい取ります．このように，容器の種類によって，中味を取り出す動作が全く異なっています．しかし，これを中味である化粧品側から眺めれば，外部から力が加わることによる化粧品の変形→静置構造の破壊→流動が生じる過程，という

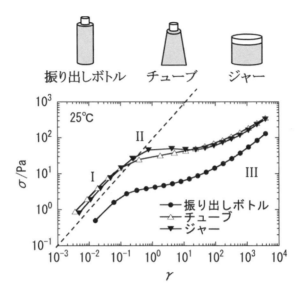

図 2.2 化粧品容器の違いと中味化粧品の粘性率 η のずり速度 $d\gamma/dt$ 依存性測定の1段階目における応力 σ と歪み γ との関係

ことになるはずです．すると，この過程は基本レオロジー測定の粘性率のずり速度依存性測定の1段階目の測定に相当するのではという考えが浮かびます．この測定では，サンプルを測定セルにセットした後に1時間程度の待ち時間を設けており（複素弾性率の角周波数依存性を測定した後に続けて測定を行うため），セル中のサンプルは静置時の構造に回復した状態で測定されることになります．

実際にこれら容器に入った3種類の化粧品について得られた測定結果を，応力と歪みの関係として両対数プロットした結果を図2.2の下図に示します．どの化粧品も低歪み側から，歪みの増加に応じて応力が直線的に増す（領域 I），応力の増加が鈍ったり鈍りつつ極大またはショルダーを示す（領域 II），および再び応力が増す（領域 III）挙動を示しました．領域 I は歪みの増加に伴いサンプルが静置時の構造を維持した状態で微小変形している領域で，複素弾性率 G^* の歪み依存性のところで説明しました線形歪み域の部分です．領域 II は静置時の構造が壊れて流動し始める領域で，領域 III は流動状態です．

容器から化粧品を取り出すには，静置状態にある化粧品から一部を破壊し分離する必要があり，その際に必要な力は領域 II 近傍の応力が目安となるはずです．

図からわかるように，この応力は振り出しボトル容器中，チューブ容器中，ジャー容器中の化粧品の順に大きくなっていました．振り出しボトル容器ではボトル上部にある穴を抜けて中味が出ますので，ボトルを逆さまにした程度でも流れる方がよく，中味の分離と流動に要する応力が小さいことが必要になります．チューブ容器については，中味は容器先端の穴部を抜けて出ますが，指先などで容器を押して絞り出すため，分離と流動に要する応力がある程度大きくても大丈夫ということになります．ジャー容器については，指先で直に中味をすくい取ることより，分離と流動に要する応力はさらに大きくてもよいことになります．むしろ，分離と流動に必要な応力が大きくないと，肌上にのせるまでにすくい取った化粧品塊が指先から崩れ落ちてしまい，使い勝手がとても悪くなってしまいます．

図 2.2 中に傾き 1 のラインを破線で描いてありますが，このラインと比較することにより，チューブ容器品とジャー容器品については領域 I の傾きが 1 になっていることがわかります．領域 I の傾きが 1 ということは，応力と歪みが比例していることになり，これら化粧品が静置状態で固体状態であることを意味します．また，ジャー容器品の方が領域 II に移る応力値が大きく，領域 II において明瞭な極大も示すことより，チューブ容器品よりジャー容器品の方がより固体的であることを意味します．

《数式を使って説明すると》

両対数軸での歪み-応力プロットの傾きが固体では 1 になることを説明しましょう．線形歪み域の変形下にある固体ではフックの法則が成り立ち

$$\sigma = G\gamma$$

となります．ここで，σ：応力，γ：歪み，G：弾性率，です．

両辺の対数をとると

$$\log_{10}\sigma = \log_{10}(G\gamma) = \log_{10} G + \log_{10}\gamma = 定数 + \log_{10}\gamma$$

となり，$\log_{10}\sigma$ と $\log_{10}\gamma$ をプロットすれば，その傾きは 1 となります．

2-1-2 化粧品の流れやすさと関係する性能

化粧品が流れることについて考えてみましょう．"流れる"の中味としては二つのケースがあります．一つは，線形歪み内の微小変形下での粘性応答で，もう一つは線形歪みより大きな変形に至る粘性応答です．線形歪み内の微小変形下での粘性応答を知るには基本レオロジー測定の 2 番目の複素弾性率 G^* の角周波数 ω 依存性を計測すればよいことになります．

化粧品レオロジーの主対象の一つである化粧水についての測定結果例を両対数グラフとして図 2.3 に示します．図の結果は，市販品のうちの性状が大きく異なる 3 品種のものの例です．化粧水 1 は透明で水のような液体，化粧

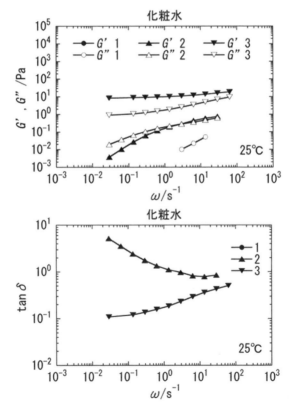

図 2.3 市販化粧水の貯蔵弾性率 G'，損失弾性率 G''（上図）および損失正接 $\tan\delta$（下図）の角周波数 ω 依存性

第 2 章　化粧品開発へのレオロジーの応用

水 2 は少しとろみのある透明液体，化粧水 3 はとろみのある白濁した液体です.

　化粧水 1 では弾性項 G'（貯蔵弾性率）はなく（したがって，損失正接 $\tan\delta$ は無限大で図の縦軸の範囲にはプロットできません），粘性項 G''（損失弾性率）が角周波数 ω の低下とともに傾き 1 で低下しています. 化粧水 2 では G'，G'' ともに ω の低下に伴い低下しています. 高 ω 側で $G' > G''$ で，ω が 3 付近で $G' = G''$ となり，その後 G' の低下具合が大きくなり $G' < G''$ となっています. G' と G'' の ω 依存性からわかるように，$\tan\delta$ 値は高 ω 域でほぼ 1 で，ω の低下とともに増加し，ω が 3 付近より増加の仕方が増しています. 化粧水 3 では G' が ω に関係なくほぼ一定値を取り，G'' 値は高 ω 域では ω 値の低下とともに小さくなりますが，その後，低 ω 域では一定値をとっています. 全測定 ω 域で $G' > G''$ で，$\tan\delta$ 値は ω の低下に伴い小さくなっています.

　化粧水 1 では，複素弾性率 G^* の角周波数 ω 依存性において，弾性項がなく（貯蔵弾性率 G' がゼロ），粘性項である損失弾性率 G'' が ω の低下とともに傾き 1 で低下しています. 化粧水 1 は弾性項もないことより，1-1-2 項の粘性の説明をした箇所で述べたニュートン液体ということになります. ニュートン液体は重力下では，塞き止めるものがなければ，低い場所へ向かってどんどん流れていってしまいます. つまり，化粧水 1 を肌上に垂らすと，化粧水滴の盛り上がりを形成することもなく，すぐに周りに広がってしまうことになります.

　化粧水 2 のように，貯蔵弾性率 G' と損失弾性率 G'' の角周波数 ω 依存性のグラフにおいて，$G'=G''$ となる ω が存在する化粧品もあります. このような化粧品では，この ω より高 ω 域で $G' > G''$ で，低 ω 域で $G' < G''$ となり，化粧品中に何らかの物理的相互作用により形成された架橋点が存在することを意味します. この架橋点の寿命（寿命値の目安は $G'=G''$ となる ω 値の逆数で，例えば，ω 値が 10 s^{-1} なら寿命は 0.1 秒）より速い変形が外部から加わると，架橋点の存在により粘性変形が抑制されるため弾性変形が主に生じて $G' > G''$ となります. 架橋点寿命より遅い速度の変形が加わる場合には，架橋点は存在していないことになり粘性変形を生じるようになります. 化粧水 2 を肌上に垂らすと，化粧水滴の盛り上がりができ，できた滴は経過時間とと

化粧水 3 の貯蔵弾性率 G' と損失弾性率 G'' の角周波数 ω 依存性では，G' は全測定角周波数でほぼ一定値をとり，$G'>G''$ となっています．化粧水 2 と同様に物理架橋点が存在し，その寿命は少なくとも 100 秒はありそうです．化粧水 3 の一部を指先で取り，肌上にのせると，のせられた化粧水塊は，100 秒程度はそのままの形を保ち流れ広がることはありません．

一般に，両対数グラフで表示した複素弾性率 G^* の角周波数 ω 依存性において，貯蔵弾性率 G' が低下し損失正接 $\tan\delta$ が増加または極大を示す場合，その ω 域に緩和時間を有する何らかの緩和（運動）モードが存在することを意味します．最も緩和時間が長い緩和モードは，もし測定サンプルが連続相中に固体粒子や液滴が分散した分散液ならば，分散質や分散質が形成する構造体が流動する（分散質や分散質が形成する凝集体の重心が移動する）モードです．最も緩和時間が長い緩和モードが観測される ω 域では，これ以上緩和時間が長い緩和モードがないことより，ω の低下により，G' と損失弾性率 G'' はそれぞれ傾き 2 と 1 で低下します．また，$\tan\delta$ は傾き -1 で増大します（図 1.16 と図 1.18 を参照）．ただ，一部例外を除いて，実際のサンプルでは構造に分布があるために緩和時間にも分布が生じ，G'，G'' および $\tan\delta$ の ω 依存性はもっと緩やかなものになります．

図 2.3 において，化粧水 1 では弾性項（貯蔵弾性率 G' はゼロ）はなく，粘性項（損失弾性率 G''）は角周波数 ω の低下とともに傾き 1 で低下しています．化粧水 1 はニュートン液体で，身近なものでいえば，水のような液体ということになります．化粧水 2 は透明な外観と複素弾性率 G^* の ω 依存性より，後述するように，増粘剤として用いられている高分子溶液の特性が強くでています．先に，化粧水 3 はとろみがある白濁した液体であると記しました．外観色から判断して，化粧水 3 は水に可視光線の波長より大きな液滴または粒子が分散したものということになります．

大部分の化粧品では化粧水 3 のように連続相である液体中に機能成分を直接分散させたり，他の液体中に溶解させて液滴として分散されています．しかし，連続相中に液体や固体粒子を分散させた系では，もし連続相と分散質に密度差があると，分散質の沈降か浮上が生じ分離する可能性があります．

また，分散質間に引力が働く場合には，分散質の凝集が生じ，やはり分離が生じる可能性があります．

もし，化粧水3の複素弾性率 G^* の角周波数 ω 依存性が化粧水1のようであったとすると，変形に伴う復元力を有する弾性項がないことより，分散質の浮沈や凝集を抑止できず，たちまち分離を生じてしまいます．では，G^* の ω 依存性が化粧水2のパターンを示したとしたらどうでしょう．貯蔵弾性率 G' と損失弾性率 G'' の関係は，高 ω 下では $G' > G''$ で復元性の弾性応答成分が若干勝りますが，ω 値が 0.3 付近より低くなると，非復元性の粘性応答が勝るようになります．低 ω 領域へ向けての G' と G'' の低下の様子から，緩和時間がこれ以上長い運動モードはなさそうで，この緩和モードが系全体の流動に関するものであることがわかります．つまり3秒程度より長い時間スケールで眺めると，系が流動する様子を観察できることを意味し，時間が経てば分散質の浮沈や凝集が生じる可能性があることになります．

実際に化粧水3が示した複素弾性率 G^* の角周波数 ω 依存性においては，貯蔵弾性率 G' と損失弾性率 G'' の角周波数依存性は少なく，G' はほぼ一定値をとり，損失正接 $\tan\delta$ については低角周波数域へ向けて低下していっています．そのため，系全体の流動に関係する緩和モードがあるとしても，観測される角周波数はかなり低いことが予想されます．つまり，分散質の浮沈や凝集が生じたとしても，生じるまでの時間がかなり長いことになります．化粧水3が示したような G^* の角周波数依存性はとても重要で，化粧品の保存安定性を確保するには，連続相の流動に関係する緩和モードの緩和時間を長くする必要があることを教えてくれます．同様な考えは，不溶性固形物を懸濁させている食品用の増粘剤の分散安定性の違いを説明する際に，大本[2] らによっても示されています．

複素弾性率 G^* の角周波数 ω 依存性が関係する例をもう一つあげましょう．透明な容器に入った化粧品を振ったり，落としたりすると泡が入ることを経験されたことがあると思います．この入った泡がなくなる速さも G^* の角周波数依存性が関係しています．泡がなくなるには泡が破れるか，上部の空間へ抜けるかということになりますが，レオロジーが関係するのは後者の場合です．泡が上の方へ移動するかどうかは，泡に作用する浮力により周りの液体

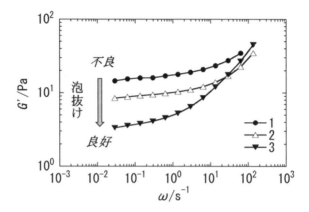

図 2.4 ある透明化粧品での泡抜け性と貯蔵弾性率 G' の角周波数 ω 依存性

を押しのけて浮上することができるかどうかになります．もし周りの液体が粘性液体であれば，この泡による押しのけを抑制することはできず，周りの液体の粘性率に応じた時間さえかければ泡は上部空間へゆっくりと抜けていきます．その際，泡径が大きい方が浮力が大きいために速く浮上して抜けることになります．弾性項がある場合には，変形量に応じた復元力が生じるため，この力が押しのけを抑制するように働きます．ただし，抑制できるかどうかは，弾性項の大きさに依存します．

図 2.4 に増粘剤で物理架橋構造を形成させた透明化粧品の貯蔵弾性率 G' の角周波数 ω 依存性と泡抜け性との関係を示します．ω が 0.1 s^{-1} 付近に物理架橋による G' の平坦域が見られます．この平坦域の G' 値が小さい方が泡は抜けやすくなりました．

2-1-3 化粧品の手触り感触への応用

化粧品を使う場面を考えてみましょう．最初に，ボトル容器に入ったものであれば，容器を傾けたり，逆さにして振ったりして中味の一部を取り出すことになります．ジャー容器に入ったものであれば，指先などでその一部をすくい取ります．チューブに入ったものでは，チューブを押して中味を絞り出します．次にこのようにして化粧品容器から取り出した化粧品滴や塊を指

第2章 化粧品開発へのレオロジーの応用

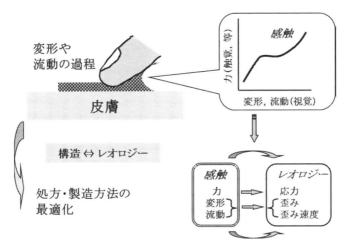

図2.5 化粧品の手触り感触とレオロジー[3]

先の腹などで肌上に塗り広げます（塗布します）。これらのどの過程においても，化粧品は外部から加えられた力により，変形・破壊させられたり，流動させられたりします。化粧品の使用感触はこれらの各過程で感じられるもので，指先などの手の一部を使って感じる感触であることより，以下，総称して手触り感触とします。化粧品の塗布過程を例に，手触り感触とレオロジーとの関係について考えてみましょう。図2.5に指先で分取した化粧品塊を肌上に塗布する過程をイラスト的に示します。以下，自分で化粧品やハンドクリームなどを塗布する時のことを思い浮かべながら読み進めていただければ，話の内容が伝わりやすくなると思います。

　指先を肌に沿って滑らせることにより，化粧品塊は肌上に薄く塗り広げられます。この間に，ヒトは指先や肌の触覚などにより塗り広げるのに必要な力を，視覚により化粧品塊が変形・破壊し流動する様子を感じとります。感じとった力の強さと変形量や変形速度との関係を脳で処理し，例えば，"軽く塗布できた"とか"塗布が重く感じられた"といった判断をします。そして，この化粧品の塗布時の手触り感触を"軽い"とか"重い"と表現しているものと考えられます。もし，そうならば，この例に示したように，純粋に

力の印加による化粧品の変形と流動により感じられた手触り感触であれば，感触を感じるに至ったヒトの動作と手触り感触の認知はレオロジー測定ととても似ているということになります．つまり，力学現象が発端となって感じられた手触り感触については，レオロジーで計測・理解できるはずということになります[3,4]．

　従来，化粧品の使用感触の評価はトレーニングされた複数の官能評価者による官能評価法により行われてきました．この評価法では基準となる化粧品の官能評価スコアに対し，比較したい化粧品の官能評価スコアがいくつかということを評価します．例えば，官能評価スコアを7段階で評価するとします．基準となる化粧品の官能評価スコアをゼロとし，それより良い場合にはプラス側に3段階，悪い場合にはマイナス側に3段階のスコア値を設定し，各化粧品の官能評価スコアを求めます．その際，大前提として，常に一定の官能評価スコアを与える基準化粧品の存在と，プラスやマイナスの各スコア値の評価値の再現性の確保があります．

　官能評価の信頼性を上げるには，基準となる化粧品の確保と，複数の官能評価者が基準および評価したい化粧品に対し同じスコア値をつけることができるようにする訓練が必要になります．方法はいろいろあると思いますが，例えば，次のようにすることも可能です．先ずは，各化粧品の手触り感触の違いを敏感に感じ取れる人を何名か選び，官能評価メンバーとします．次に，評価したい手触り感触が大きく異なる化粧品2品とその中間に位置する化粧品1品を用意します．各官能評価者が3品の化粧品を評価し，お互いの感じる官能値を話し合うことにより，中間と考える感触の化粧品にゼロのスコアを，両極端の化粧品2品にプラス3とマイナス3のスコアがつくように調整します．ただし，この方法では，スコアがゼロの位置がプラス3とマイナス3のスコアの正確に真ん中の位置にあるとは限りませんが，この3品のスコア位置をスコア値の基準点に定めます．次に，このスコア軸を使い，評価したい化粧品のスコアを決めていくことになります．

　後は，常に同じ官能評価を出せるようにするために，基準化粧品を用いた定期的な官能評価値の擦り合わせを行っていくことになります．もし，何らかの理由で官能評価メンバーの入れ替えが必要になった場合は，新たに加わ

ったメンバーは既存メンバーと同じような官能評価値を出せるようになるまで訓練を行うことになります.

このように官能評価メンバーの育成・維持には時間と労力が必要になります. また, たとえ熟練した評価者であっても, その日の体調によっては, 評価を適切に行えないこともあります. もし, 手触り感触をレオロジーパラメータのような物性値により定量的に評価することができれば, 熟練者ではなくても, 手触り感触を再現性良く, かつ定量的に評価できることになります. さらには, レオロジーパラメータの物理的な意味を化粧品の構造と結びつけて考察することにより, 感触の発現機構を理解できたりすることもあります. また, 官能評価以上に微妙な手触り感触の違いも評価できるようになり, 化粧品の配合処方や製造方法の最適化を合理的に行うことも可能になると期待しています.

手触り感触がヒトの五感によるレオロジー測定そのものではと考え, レオロジーによる手触り感触の計測と把握を検討してきました. その結果, 手触り感触はレオロジー測定により計測・把握できるという考えに至っています[3,4]. ただし, 手触り感触をレオロジーで測定するためには, 得られるレオロジーパラメータの物理的な意味を理解でき, かつ, それなりの測定上の注意が必要になります. つまり, 実際に感触を認知している場面を再現したレオロジー測定を行わなければならず, 感触認知時の化粧品の状態と認知時のヒトの動作を真似たレオロジー測定が必要になります. 以下, 測定モードやレオロジーパラメータの意味を考えて塗布時の手触り感触をレオロジー的に計測した例と, 感触認知時の化粧品の状態の再現に工夫をこらした例について紹介します.

(1) 測定モードやレオロジーパラメータを考えた例
(a) 塗布動作に近いと考える測定モード

化粧品の塗布過程は, 化粧品容器より取り出した化粧品塊(取り出し操作により静置状態の構造が変化しているので, 以下, 準静置状態の構造と呼びます)を肌上にのせ, それを指先の腹などで肌上に塗り広げる過程になります. 肌上にのせた化粧品塊を指先で塗り広げる過程は, 外から加わる力によ

って，準静置状態にある化粧品塊の変形→準静置状態の構造破壊→流動状態へと変化する過程ということになります．この化粧品の変形→破壊→流動の過程を計測できるのは，先の基本レオロジー測定のうちの複素弾性率 G^* の歪み依存性測定および粘性率 η のずり速度依存性測定の1段階目です．

あるエマルション（水と油を活性剤のみで乳化したモデルエマルション）について，これら二つの測定法で測定した結果を図 2.6 に示します．変形→破壊→流動の過程は図 2.2 で説明したように応力 σ-歪み γ 特性に着目するとわかりやすく，この過程は領域 I（線形歪み域）→領域 II→領域 III に対応します．複素弾性率 G^* の歪み依存性測定では，領域 I，領域 II および領域 III の初期を等歪み間隔で測定できるのに対し，粘性率 η のずり速度依存性測定では領域 II とその前後の測定点が粗くなってしまいます．

日常でのハンドクリームや軟膏などの肌への塗布経験より，手触り感触の認知に際しては，塗布動作中に指先が感じる力の変化が重要と感じます．そうすると，塗布動作に伴う化粧品の微小な変形（線形歪み域）→破壊（領域 II）→流動（領域 III）の過程において，歪み増加に伴う応力変化の仕方が大きく異なってくる，線形歪み域（領域 I）から領域 II へ移る近傍は感触の認知において重要ということになります．領域 I から領域 II をていねいに測定できるのは複素弾性率 G^* の歪み依存性測定で，この測定モードが塗布時の動作に近い情報を与えてくれると考えました．

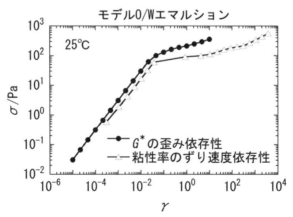

図 2.6　モデルエマルションの応力 σ の歪み γ 依存性

第2章 化粧品開発へのレオロジーの応用

(b) 塗布の"軽さ"について

塗布時の手触り感触の一つに塗布の"軽さ"があります．直感的には，化粧品を肌上で変形・流動させるのに必要な力が小さければ，塗布感触は"軽い"と思えます．ところが，調べてみると直感とは全く異なる結果が得られました．化粧品そのものではありませんが，ハミガキペーストの塗布の"軽さ"を調べた結果を紹介します（図2.7）．なお，ここで紹介する塗布の"軽さ"は，研究開発者3名により評価した，簡易的な官能評価結果です．

図2.7の上図はハミガキペースト1，2および3の見かけの貯蔵弾性率 G'_{app}

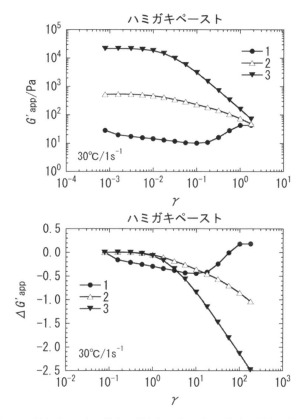

図2.7 ハミガキペーストの塗布の軽さとレオロジー．塗布の軽さ：劣る…1＜2＜3…優れる．上図：見かけの貯蔵弾性率 G'_{app} の歪み γ 依存性，下図：$\Delta G'_{app}$ の歪み γ 依存性（$\Delta G'_{app} = \log(G'(\gamma)_{app} / G'_0)$）

の歪み γ 依存性を示します．ここで，1-2-3 項の最後の部分で言及しました，見かけの貯蔵弾性率という言葉を使いましたが，その理由を再度説明します．1-2-2 項の粘弾性的性質を知るにはで説明しましたように，動的粘弾性測定では測定サンプルを変形させるのに用いた歪み波と検出される応力波との位相差を計測します．

　測定時のサンプルの変形が線形歪みの範囲内では何も問題はないのですが，サンプルに加わる変形が線形歪みの範囲を超えた大きさになると問題が生じてきます．線形歪みを超えた変形がサンプルに加わると，発生する応力の正弦波の波形が歪むようになり，両正弦波の位相差を定義できなくなります．そのため，レオメータが計測値として出してくる貯蔵弾性率，損失弾性率および損失正接の物理的な意味が不明になります．複素弾性率の歪み依存性測定では，測定条件として設定されているとおりに，測定サンプルに加える歪みを増加させながら測定を行います．つまり，測定中の歪みがサンプルにとって線形歪み域であるのか非線形歪み域であるのかとは関係なく，決まった方法で測定とデータ処理が実施されます．

　一般に，各レオメータでの位相差の求め方は公表されていませんので，位相差データの真偽を判断できません．そのため，非線形歪み域までの測定結果を含む結果を表示するのに，"見かけの"という修飾語をつけ，例えば，"見かけの貯蔵弾性率"といった表現を使うことにします．記号に下付きで app と記したものが，それを表しています．

　塗布の"軽さ"の官能スコアはサンプル番号が大きい方が優れていたのに対し，直感的には，静置または準静置状態にあるハミガキペーストを変形させるのに必要な力と関係があると予想しました．しかし，塗布の"軽さ"の順と線形歪み域の見かけの貯蔵弾性率 G'_{app} 値の大きさの順とは全く逆でした．この結果は，ペーストを線形歪み下で変形させるのに要する力の大小は塗布の"軽さ"とは関係がないことを意味しました．そこで，この上図の結果をいろいろな視点から見直したところ，歪み増加に伴う対数軸尺度での G'_{app} の低下量の大小が塗布の"軽さ"と関係するのではという考えが思い浮かびました．歪み増加に伴う対数軸スケールでの G'_{app} の低下量を表現するために見かけ貯蔵弾性率の低下率 $\Delta G'_{app}$ という量を定義しました．

第 2 章 化粧品開発へのレオロジーの応用

$$\Delta G'_{app} = \log(G'(\gamma)_{app} / G'_0)$$

ここで, G'_0 : 最低測定歪み値での貯蔵弾性率 G' 値, γ : 歪み

図 2.7 の下図に見かけ貯蔵弾性率の低下率 $\Delta G'_{app}$ の歪み γ 依存性を示します. 測定サンプルに加わる歪みの増加に伴う見かけ貯蔵弾性率 G'_{app} の低下はペースト 3 が最も大きく, 次いでペースト 2 でした. ペースト 1 については, 高歪み側で, 反対に G'_{app} 値が増しました. この結果は, サンプルに加わる歪みの増加に伴う G'_{app} の低下が大きい方が塗布が "軽い" ことを意味し, ハミガキペーストの線形歪み域での G'_{app} 値の大小とは無関係であることを示しました. なお, 塗布の "軽さ" についての同様な内容の結果は小池[5]によっても報告されています. 以上より, ヒトが感じる塗布の "軽さ" については, 化粧品の変形・破壊→流動に要する力の大小ではなく, 化粧品の変形の初期に感じる力と流動している状態で感じる力の差の大小で判断しているらしいと考えています.

(c) 塗布時の "こくがある" について

手触り感触の次の話題として塗布時に認知される "こくがある" と "さらっとした" について取り上げましょう[6]. これらの感触については, 実は, 直感的に「"こくがある" とはこのような感触だ」というような具体的なイメージが湧きにくい感触です. 表 2.1 に市販の乳液 7 品とクリーム 5 品についての 60 名の一般消費者の方々の官能評価調査の結果を示します. 表中の数値は, 例えば, 「この乳液は "こくがありますか"」といった質問に対し, 「そう思う」, 「ややそう思う」, 「どちらともいえない」, 「あまりそう思わない」, 「そう思わない」の 5 段階での回答をお願いし, それぞれの製品についての「そう思う」と「ややそう思う」の回答数の和が全回答中に占める割合を百分率値で表記したものです.

表中の官能評価結果の "こくがある" と "さらっとした" スコア間には図 2.8 に示すような負の強い相関性がありました. このことより, "こくがある" と "さらっとした" という感触については, ある同一の力学的な現象に対して, 別の視点で表現された感触であると予想しました. また, これら感触が認知される場面は化粧品を塗り広げる最中でした. そのため, 先の塗布の "軽さ" の部分で着目した, 見かけの複素弾性率 G^*_{app} の歪み依存性から両感触

表 2.1 市販乳液とクリームの"こくがある"と"さらっとした"の官能スコア

サンプル	塗布時の感触	
	さらっとした	こくがある
乳液(1)		
P	60	33
R	13	68
M	17	65
J	67	48
乳液(2)		
Q	58	38
T	25	63
M	17	72
B	40	42
クリーム		
S	65	28
L	12	61
U	12	56
G	50	40
E	68	22

と相関性を示すレオロジーパラメータを見出せると考えました.

市販の乳液やクリームについて見かけの複素弾性率 G^*_{app} の歪み γ 依存性を測定し,結果を考えやすくするために,横軸を歪みではなく応力 σ でプロットした結果を図 2.9 に示します."こくがある"の違いが反映される部分がグラフのどの部分であるかを探してみたところ,見かけの貯蔵弾性率 G'_{app} が線形歪み域の一定の値から急激に低下する部分の応力値の大小が関係しているのではというアイデアが浮かんできました.そこで,図 2.10 に示すようにして G'_{app} が急激に低下する点の応力値を求め,これと"こくがある"および"さらっとした"の官能スコアとの関係をプロットしてみました.図 2.11 に結果を示します.

"こくがある"については見かけの貯蔵弾性率 G'_{app} 値が急に低下する点の応力値が大きいほど強くなり,反対に,"さらっとした"はこの応力値が小さ

第2章 化粧品開発へのレオロジーの応用

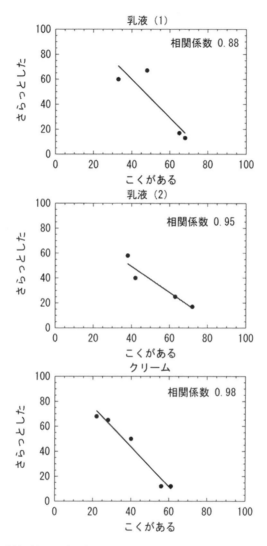

図2.8 市販乳液（上図，中図）とクリーム（下図）の"こくがある"と"さらっとした"官能スコア間の関係

76　第 2 章　化粧品開発へのレオロジーの応用

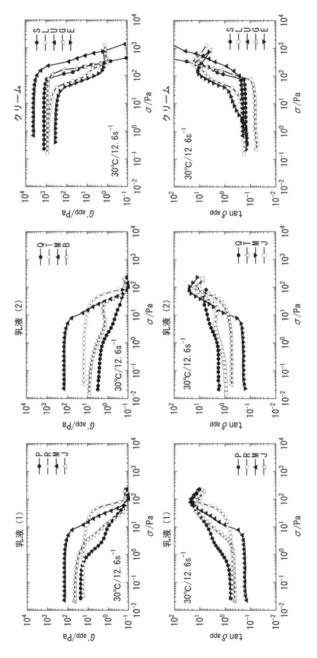

図 2.9　市販乳液 (左図, 中図) とクリーム (右図) の見かけの貯蔵弾性率 G'_{app}, 見かけの損失正接 $\tan\delta_{app}$ の応力 σ 依存性

第 2 章 化粧品開発へのレオロジーの応用

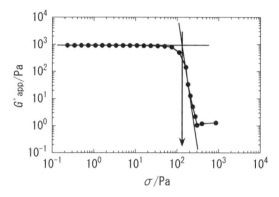

図 2.10 見かけの貯蔵弾性率 G'_{app} が急激に低下する点の応力 σ の求め方 [6]

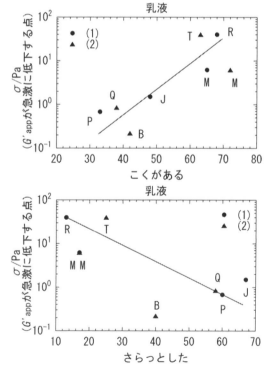

図 2.11 (1) 市販乳液の見かけの貯蔵弾性率 G'_{app} が急激に低下する点の応力 σ と "こくがある"（上図），"さらっとした"（下図）スコア値との関係

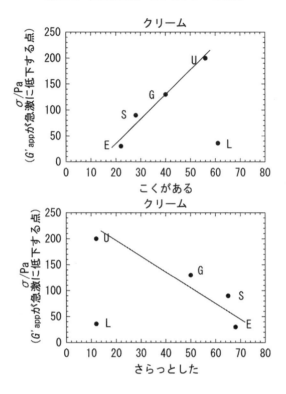

図 2.11 (2) 市販クリームの見かけの貯蔵弾性率 G'_{app} が急激に低下する点の応力 σ と"こくがある"(上図), "さらっとした"(下図)スコア値との関係

いほど強くなっていました．なお，G'_{app} 値と"こくがある"および"さらっとした"との相関性で，クリーム L は外れていました．ここでは各クリームの G'_{app} の歪み依存性のグラフは示しませんが，他のクリームが線形域で固体の振る舞いをしていたのに対し，クリーム L は液体的でした．この性状の違いが，クリーム L のみ G'_{app} 値と感触評価スコアとの相関性から外れた理由と考えました．

　線形歪み域の貯蔵弾性率 G' 値が急速に低下する点は，静置時に形成されていた構造が壊れて流動を始める点で（静置時の状態が固体状態の場合には，この点は降伏点と呼ばれます），"こくがある"と"さらっとした"はこの静置時の構造が壊れて流動を始める点の応力値の大小と関係する感触であるこ

とがわかりました．つまり，"こくがある"については次のような感触であると，力学的な視点からいうことができることになります．見かけの貯蔵弾性率 G'_{app} 値の大小は塗布動作時の抵抗値と関係していると考えることができます．化粧品を肌上に塗布する際，塗布動作の進行に伴い塗布の抵抗感は変化します．"こくがある"についてはこの塗布の抵抗感（G'_{app} 値）が急に小さくなる点の応力値が大きい方が強いと感じる感触で，"さらっとした"についてはこの応力値が小さい方が優れると感じる感触であるということになります．

(d) 塗布時の"ぬるつきのなさ"について

先ほどの"こくがある"に比べ，レオロジー視点からイメージしやすい塗

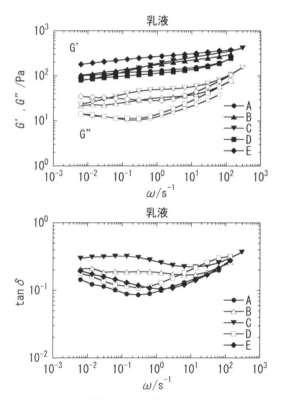

図 2.12 (1) 市販乳液の貯蔵弾性率 G'，損失弾性率 G''（上図）および損失正接 $\tan\delta$（下図）の角周波数 ω 依存性

布時の"ぬるつきのなさ"についての検討例についても紹介しましょう．この感触は乾いた皮膚表面や低粘性率の液体がのった皮膚表面を指先などで触っても感じることはありません．液体がのった肌を指先で触って"ぬるつき"があると感じるのは，指先に力を入れながら指を肌表面に沿って滑らせた際に，指先を肌に向かって押さえつける力を大きくしても，指先が肌表面に直に接触し難い場合です．つまり，粘性率の大きさに加えて弾性の有無も関係した感触であることが想像できます．化粧品は粘弾性体が多いことより，"ぬるつきのなさ"については化粧品の粘弾性的性質の粘性項と弾性項のバランスに着目すれば良いということが容易に思いつきます．粘弾性的性質は観測時間依存性を持つことと，塗布動作についても，ある一定の範囲の速度で動

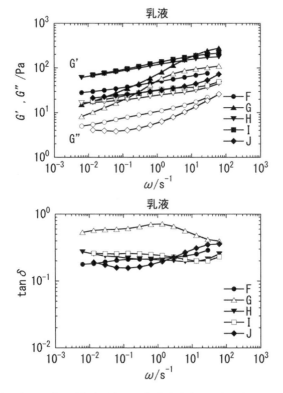

図 2.12 (2) 市販乳液の貯蔵弾性率 G'，損失弾性率 G''（上図）および損失正接 $\tan\delta$（下図）の角周波数 ω 依存性

作を行っていることより,複素弾性率 G^* の角周波数依存性を調べれば良いのではというアイデアが浮かびました.

図 2.12 (1) と (2) に市販乳液についての複素弾性率 G^* の角周波数 ω 依存性の測定結果例を示します.また,表 2.2 に"ぬるつきのなさ"の官能評価結果を示します.なお,ここで示しました官能評価結果は,対象とする化粧品の開発に 5 年以上従事した研究者 10～13 名による官能評価スコア値です.標準品を 0 として −4～+4 の 9 段階で評価したものです(プラス値が大きいほど感触良好).以下,本書では,このようにして行った官能評価について,開発技術者による評価と表現します.

表 2.2 市販乳液の"ぬるつきのなさ"の官能評価スコア

	ぬるつきのなさ
A	1.71
B	0.4
C	-0.18
D	0.6
E	0.25
F	0.33
G	-0.75
H	0.75
I	0
J	0.75

"ぬるつきのなさ"スコア値の大小を考慮して図 2.12 のグラフを眺めたところ,例えば,角周波数 ω が 0.1 s^{-1} での損失正接 tanδ 値と"ぬるつきのなさ"が関係ありそうではという感じが得られました.図 2.13 に角周波数 0.1 s^{-1} での結果を示しますが,tanδ 値が小さい方が"ぬるつきのなさ"に優れるという結果となりました.同様な結果が角周波数範囲 0.01～3 s^{-1} で得られ,"ぬるつきのなさ"がこの角周波数範囲での tanδ 値の大小と関係する感触であることがわかりました.

(e) 乳液の"べたつきのなさ"について

ここまでに紹介してきました手触り感触については,化粧品製剤のレオロ

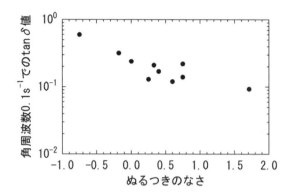

図 2.13　市販乳液の角周波数 0.1 s^{-1} での tanδ 値と"ぬるつきのなさ"スコア値

表 2.3　市販乳液の塗布時および塗布後の"べたつきのなさ"の官能スコア

サンプル	べたつきのなさ	
	塗布時	塗布後
A	1	0.57
B	-0.9	-1.3
C	-0.82	-1.27
D	-0.8	-0.9
E	-0.92	-1.58
F	-0.78	-1.11
G	-0.88	-1.5
H	-0.13	0
I	-1.6	-2.2
J	0	0
K	-0.3	-0.8
L	0.75	0.75
M	0.5	0.33
N	-0.67	-1

ジー特性から相関性を示すレオロジーパラメータを得ることができた例です．しかしながら，"べたつきのなさ"については，製剤のレオロジー特性から相関性を示すレオロジーパラメータを見出すことができませんでした．そこで，"べたつきのなさ"が何によって支配されるかについて，乳液について，

第 2 章　化粧品開発へのレオロジーの応用

より深く検討しました．得られた結果について紹介します．検討に使用した市販乳液の開発技術者 10〜13 名による"べたつきのなさ"官能評価スコアを表 2.3 に示します．官能評価値は標準品を 0 として−4〜+4 の 9 段階で評価したものです（プラス値が大きいほど感触良好）．ここで述べる内容は，本書での構成からは，次の節に記載すべきかもしれませんが，乳化化粧品の手触り感触という意味で本節に記しました．

最初に，手がかりを得るために化粧品塗布による手触り感触の認知について，再度考えてみました．図 2.14 に化粧品の塗布過程を，初期，中期，および後期（塗布後）に分け，各時点での手触り感触に関係すると思われる化粧品の状態を推定したものをイラストとして示します．塗布初期では化粧品の状態は化粧品容器中のものに近く，製剤のレオロジー特性が手触り感触として認知されると考えられます．

図 2.14　化粧品の塗布過程と手触り感触に反映される化粧品の状態

化粧品は肌上に塗布されるのですが，①肌表面の温度は 30 数度ある，②薄く塗り広げられることにより大気や肌と接する化粧品の表面積が大きく増す，③肌への低分子量成分の吸収があります．そのため，水などの揮発性成分の蒸発などが生じ，化粧塗膜の化学組成は塗布過程の進行に伴い経時的に変化することになります．また，化学組成の変化はエマルションの乳化破壊などの構造変化を引き起こし，化粧塗布膜の構造は塗布前の状態とは大きく変化することになります．つまり，塗布中期の感触は組成変化を生じた化粧塗膜の，後期および塗布後の感触については製剤とは全く構造が異なる化粧膜のレオロジー特性やトライボロジー（摩擦）特性により支配されると考えられます．加えて，表 2.3 の塗布時および塗布後の"べたつきのなさ"の官

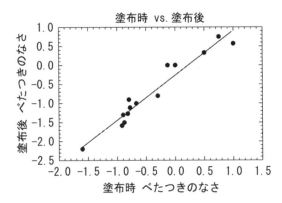

図 2.15 塗布時および塗布後の"べたつきのなさ"官能スコア間の関係

能評価スコア間には図 2.15 に示すように，強い正の相関性が見られました．以上より，乳液の"べたつきのなさ"については，塗布中期以降の化粧塗膜の状態を反映した感触と推定し，塗布の中期以降の化粧塗膜の状態を作り出すことを試みました．

中期以降の化粧塗膜の状態調製のためのヒントをつかむため，乳液を温度調節ができる円板状の金属プレート上に塗布し，塗布物を指先で擦るようにして練る実験を，プレートの温度を変えて行いました．プレートの温度が室温の場合には，指先による練りを数分間行っても塗布物の状態変化は見られませんでした．ところが，プレートの温度を 30℃程度より高くすると，指先による練り操作が 1 分にも満たない時間で塗布物の状態が変化することが観察されました．これは，プレートの温度を 30℃程度以上にすると水などの揮発成分の蒸発が顕著になり，塗布物の化学組成が変化し，それに伴い状態が大きく変化する（エマルションならば，乳化破壊を生じる）ためと考えました．

肌温度程度の条件下での揮発成分の蒸発が鍵と考え，乳液サンプルの必要以上の蒸発を抑えるため，マイルドな条件での乳液の乾燥を行うことにしました．乳液を口径の大きなシャーレ内に満たし，室温大気下で 2 週間程度ゆっくりと乾燥させてみました．このようにして得られた乳液乾燥物の状態例を図 2.16 に示します．図では，本処理後の状態とそれをスパチェラ（へら）

第 2 章　化粧品開発へのレオロジーの応用

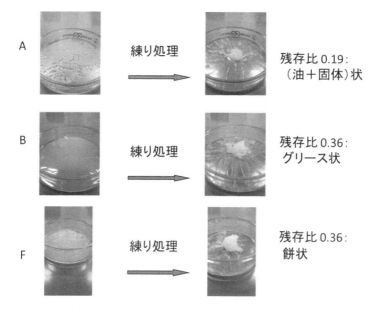

図 2.16　室温大気下で 2 週間放置した乳液の外観（例）

で練った後の様子を示してあります．併せて，乾燥処理による重量変化の目安として，残存率（＝乾燥後の重量÷初期重量）と乾燥物の外観性状も示しました．得られた乾燥物の状態は，乾燥前の状態とは全く異なっていました．固体と油が残る場合，グリース状物が残る場合，および餅状物が残る場合の 3 種類の乾燥物の状態が観察されました．

図 2.17（1）〜（3）に乾燥前後の乳液サンプルの基本レオロジー特性の変化の例を示します．乾燥により貯蔵弾性率 G'，損失弾性率 G'' および粘性率 η 値が増加しましたが，乾燥後の損失正接 $\tan\delta$ 値も増加しました．乾燥による固化現象であれば，$\tan\delta$ 値は低下することより，単なる水分の蒸発だけではなく，構造の変化も生じていることがわかりました．

本乾燥処理により得られる乾燥物の状態は，乳液製品ごとに大きく異なったことより，"べたつきのなさ" と関係しているのではと期待しました．他の手触り感触での検討と同様，乾燥物のレオロジー特性と官能評価スコアとの関係を調べましたが，一目でわかるような "べたつきのなさ" の官能評価ス

コアと相関性を示すレオロジーパラメータを見出すことはできませんでした．しかしながら，本乾燥処理により乳液の状態が大きく変化したことより，この状態変化が"べたつきのなさ"に反映されていると信じて再度データを見直してみました．様々な観点からデータを見直した結果，乾燥後の状態が3種類あることに意味があるということにたどり着きました．そこで，3種類

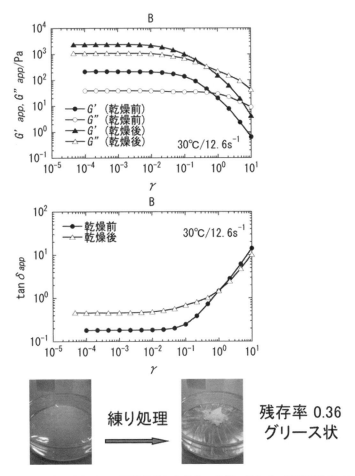

図2.17(1) 室温大気下で2週間放置した前後の乳液の見かけの貯蔵弾性率 G'_{app}，見かけの損失弾性率 G''_{app}（上図）および見かけの損失正接 $\tan\delta_{app}$ の歪み γ 依存性（中図），放置後の外観（下図）（例：乳液B）

第 2 章　化粧品開発へのレオロジーの応用

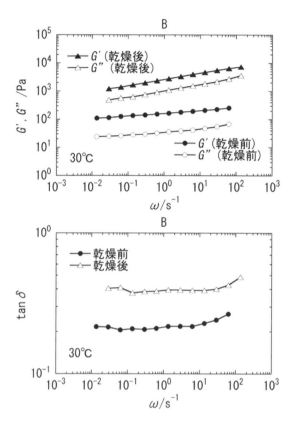

図 2.17（2）　室温大気下で 2 週間放置した前後の乳液の貯蔵弾性率 G'，損失弾性率 G''（上図）および損失正接 $\tan\delta$（下図）の角周波数 ω 依存性（例：乳液 B）

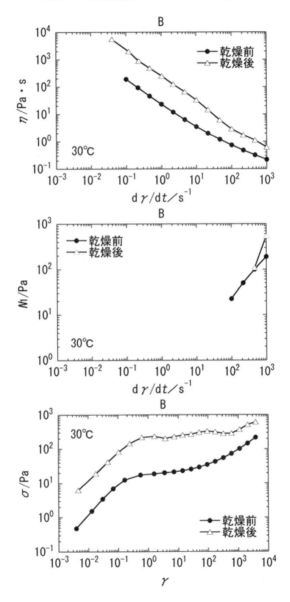

図 2.17 (3)　室温大気下で 2 週間放置した前後の乳液の粘性率 η のずり速度 dγ/dt 依存性（上図），第 1 法線応力差のずり速度依存性（中図），1 段階目の応力 σ の歪み依存性（下図）（例：乳液 B）

あった乾燥後の状態を考慮して，データを見直してみました．

図2.18（1）と（2）は角周波数0.1と1 s^{-1}における損失正接tanδ値と塗布時および塗布後の"べたつきのなさ"官能評価スコアとの関係を示した図です．図から明らかなように，プロットされた点を全体として見ると，両パラメータの間に相関性があるようには見えません．しかし，乾燥後の状態を考慮すると，グリース状や餅状乾燥物が得られたものに比べ，固体（＋油）状物が得られたものの方が"べたつきのなさ"は優れていました．また，固体（＋油）状物が得られたものの中では，tanδ値が小さい方が"べたつきのなさ"は優れていました．

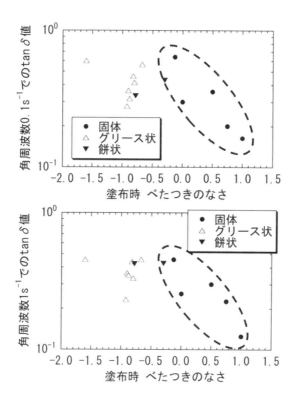

図2.18（1） 乾燥処理乳液の角周波数0.1 s^{-1}（上図），1 s^{-1}（下図）でのtanδ値と塗布時の"べたつきのなさ"官能評価スコア

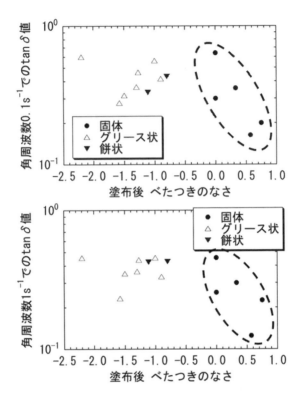

図 2.18（2） 乾燥処理乳液の角周波数 0.1 s^{-1}（上図），1 s^{-1}（下図）での tanδ 値と塗布後の"べたつきのなさ"官能評価スコア

+++++【用語の補足説明】++++++++++++++++++++++++++++++

法線応力：

　図 2.19 に示すように，高分子溶液が管から流れ出る際に管径より膨らんで出たり（ダイスウェル，バラス効果），高分子溶液が入った容器に棒を挿して回すと溶液が棒を這い上がる（ワイセンベルグ効果，法線応力効果）現象があります．このような現象が生じるのは，流れの中で高分子鎖が引き伸ばされ，それが元の丸まった状態へ縮もうとするためです．右端の図はワイセンベルグ効果で液が棒を這い上がるのを説明する図で，溶液が回転すると回転方向の接線方向に縮もうとする力が生じます．生じた力が足し合わされると円の中心方向に向かう力になります．容器の底部は閉じていますので，この中心に向かう力は液の上面方向に

第 2 章 化粧品開発へのレオロジーの応用

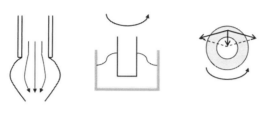

図 2.19 法線応力が関係する現象

向かい,結果として液面が棒を這い上がることになります.

++

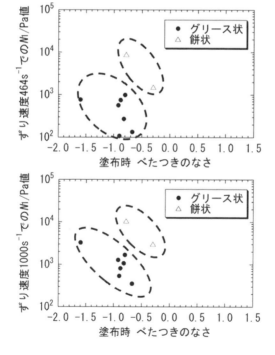

図 2.20（1） 乾燥処理乳液のずり速度 464 s^{-1}（上図），1000 s^{-1}（下図）での第 1 法線応力差 N_1 値と塗布時の"べたつきのなさ"官能評価スコア

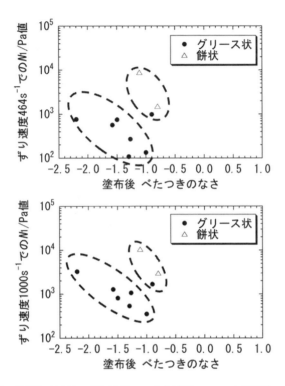

図 2.20 (2) 乾燥処理乳液のずり速度 464 s^{-1} (上図), 1000 s^{-1} (下図) での第 1 法線応力差 N_1 値と塗布後の"べたつきのなさ"官能評価スコア

乾燥物が餅状物とグリース状物であったものについては, 図 2.20(1) と (2) に示すようにずり速度 464 と 1000 s^{-1} での第 1 法線応力差 (N_1) という法線応力と関係するパラメータと"べたつきのなさ"官能評価スコアとの間に相関性が見られました. 乾燥物が餅状物, グリース状物ともに, そのグループ内では N_1 値が小さい方が"べたつきのなさ"官能評価スコアに優れました.

以上のように"べたつきのなさ"については, 乳液製剤そのもののレオロジー特性とは無関係でした. また, 乾燥後のレオロジー特性についても, そのままでは"べたつきのなさ"との相関性を見出せませんでした. しかしながら乾燥後の状態を考慮することにより, 乾燥物のレオロジーパラメータ値の大小で"べたつきのなさ"が説明つくことがわかりました. 化粧品は肌上

に薄く塗り広げられることにより化学組成や構造が変化し,乳液の"べたつきのなさ"は肌上で変化した状態の違いとそのレオロジー特性により支配されることがわかりました.

(2) 測定法に工夫を凝らした例

測定法に工夫を凝らした例として,スティック状口紅での検討例を紹介します[3,4].スティック状口紅(以下,口紅)については,レオロジー測定の難しさを想像していただくために,最初に,その構造について簡単に説明します.口紅は色剤とワックスを油剤に混ぜて練ることによりスラリー状にし,いったん,溶融させた後に型に流し込み,冷却・固化することにより得られます.冷却・固化の過程で,ワックス結晶は薄片状に成長し,ワックス結晶の3次元網目構造体が形成されて固体状となります.図2.21にこのワックス結晶の3次元網目構造体の例を口紅割断面のSEM(走査電子顕微鏡)写真として示します.なお,油剤と色剤はこの3次元網目の隙間部分に閉じ込められて存在しています(以下,この構造体をオイル/ワックスゲルと呼びます).

オイル/ワックスゲル中のワックス結晶の3次元網目構造は,各ワックス結晶薄片の成長が別のワックス薄片に衝突すると止まるようにして形成されます.そのため,接点の力学強度は弱く,外力による変形が加わると口紅の

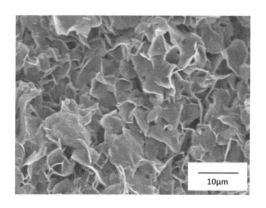

図2.21　口紅割断面のSEM写真例[4]

オイル／ワックスゲルは簡単に壊れます．このオイル／ワックスゲルが壊れると，同時に封入されていた油剤が放出され，壊れた部分はスラリー状になります．また，ワックス結晶の融点は低く，指先で触るのみで融けます．そのため，口紅のレオロジー測定を行うに際し，口紅サンプルを測定セルにセットすることも難題ですが，たとえ，何とか測定セルに口紅サンプルをセットしたとしても，セル／サンプル界面で滑ったり割れてしまったりして上手く測定することはできません．

　口紅の感触をレオロジーで評価するために，最初に試みた方法は，いったん，パラレルプレートセルに挟んだ口紅サンプルを溶融させた後に，セルに挟んだ状態で冷却・固化させてからレオロジー測定を行う方法でした．しかし，この方法で得られるのは固体状態の口紅のレオロジー特性で，口紅の硬さが関係する感触については計測できましたが，扱える感触項目の範囲が限られていました．

　そこで，口紅の唇への塗布過程および感触認知時に，どんなことが生じているかを注意深く観察し，感触認知時の状況をレオメータの測定セル中で再現できる測定法の考案を目指しました．唇への口紅の塗布時に生じることは，唇に接触している付近のオイル／ワックスゲル部が崩れ，壊れた口紅部分は油剤中にワックス結晶と色剤が分散したスラリーとして唇上に塗布されます．塗布時の使用感は唇上に形成されつつある及び形成された口紅スラリーの変形・流動過程に，塗布後の使用感は唇の擦り合わせ動作に伴う口紅スラリー塗膜の変形過程に関係していると推定しました．そうであるならば，感触認知時の口紅の状態を再現し，その複素弾性率 G^* の歪み依存性から感触と関係するレオロジーパラメータを抽出できると期待しました．また，一度崩れたオイル／ワックスゲルでは，唇上での口紅スティックによる摺動動作および上下の唇間の擦り動作により，ワックス3次元網目構造のさらなる破壊（ワックス結晶の微細化）と油剤の放出が生じると考えました．

　最大のポイントは，レオメータのセル中で，上記のように推察した口紅の使用時の状態を再現することでした．そうでなければ，どのように測定モードの選択や測定データの解析に工夫を凝らしても必要とするデータは得られないことになります．

第2章 化粧品開発へのレオロジーの応用

必要なスラリー状態を調製すべく考えたのは，口紅の塗布過程で生じていることが，オイル／ワックスゲルの力学的な破壊と破壊塊の練りの進行であり，それをいかに再現するかでした．そこで，口紅の破壊と練りの程度を変える方法として，①ガラス板状に置いた口紅塊をスパチェラを使ってつぶすように練る，②ロールニーダーと呼ばれる練り装置を使って練る，③口紅を人口皮膚と呼ばれるシート上に塗布してこれを集める，を試みました．

このようにして得られた口紅スラリーの複素弾性率 G^* の歪み依存性測定を行ったところ，最も簡単な処理法であった，スパチェラ練りものが，感触の違いを反映させそうな結果を与えることがわかりました．しかしながら，容易に想像できるように，この方法では，必要とするスラリー状態を再現性良く調製することは無理でした．そこで，練り法の再現性を上げる検討を行いました．

スパチェラ練り法では，最初に口紅塊をつぶし，その後，練りを行ったことより，口紅のつぶしとその後の練り処理からなる2段階操作でかつ再現性が向上する方法の考案を目指しました．最初のつぶし操作については，入手しやすい道具という意味で，2枚のガラス板のようなものの間に口紅の輪切り片を挟んで押しつぶすことを考えました．練りについてはこの押しつぶした状態で上下のガラス板を定量的に擦り合わすことができれば可能と考えました．

いろいろと考えた結果，径の異なる二つのガラス製のシャーレを使う図2.22に示すサンプル練り法（以下，シャーレ法）を考案しました．使用する道具としては，底面が平坦で深さが浅いガラス製容器，具体的には内径93 mm

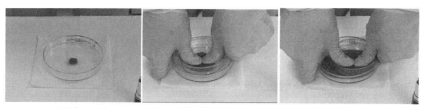

図2.22　シャーレ法による口紅の練り処理[4]

と外径75mmのシャーレを用いました．最初に内径93mmのシャーレの底面が机に接するように置き，このシャーレの内側底部に数mm厚みに輪切りにした口紅片をのせます．次に，外径75mmのシャーレの底面の外側が先にセットした口紅片に接するように内径93mmのシャーレ上にのせます．本法の1段階目として，上側のシャーレ内側底面に200N前後の力を加えて口紅片を押しつぶします．2段階目として，下側のシャーレを動かないように手で押さえながら，上側のシャーレを100N前後の力で押しつけつつ，下側のシャーレの内壁にぶつけるようにして往復摺動させて口紅サンプルを練っていきます．

シャーレを用いた理由は，下側のシャーレの内径と上側のシャーレの外径を決めることで，往復摺動時の摺動長さを一定にでき，往復摺動による練り処理の再現性を上げることができると考えたためです．練り回数については，口紅1本での評価を目指したため，2往復，5往復，および10往復としました．

検討した口紅の感触としては，塗布時の感触である"軽さ"，"なめらかさ"，"タッチの柔らかさ"，"クリーミーさ"および"塗布量"を選びました．また，塗布後の使用感として，「保護膜がのった感じ」として認識される"しっ

表2.4 検討に使用した市販口紅の官能評価スコア[4]

サンプル	塗布時					塗布後
	塗布			硬さ		しっとり感
	軽さ	なめらかさ	塗布量	タッチの柔らかさ	クリーミーさ	
A-1	2	3	4	2	2	3
A-2	3	4	4	3	3	3
B-1	4	4	5	3	5	4
B-2	5	5	5	4	4	3
C-1	5	2	2	2	3	2
C-2	3	4	4	3	3	5
D	3	3	4	4	5	5
E-1	3	4	3	3	2	3
E-2	5	5	5	5	5	3

第2章 化粧品開発へのレオロジーの応用

とり感"も取り上げました．表2.4に検討に使用した市販口紅の5人の開発技術者による官能評価結果（5を最高として5段階でスコア化）を示します．

シャーレ法処理した口紅サンプルの見かけの貯蔵弾性率 G'_{app} および見かけの損失正接 $\tan\delta_{app}$ の角周波数 $1\ s^{-1}$ での歪み依存性の測定結果例を図2.23に示します．測定温度は唇の表面温度といわれる30℃としました．図で，線形歪み領域のデータがないのは，当時使用していたレオメータが歪み制御型であったため，線形歪みを示すはずの低歪み域からの測定ができなかったためです．図中の数字はシャーレ法での練り回数を示しており，0はつぶしのみを，2はつぶした後に2往復練ったことを意味します．つぶしのみのサンプルの結果で，サンプルに加わる歪みの増加により G'_{app} は低下し，$\tan\delta_{app}$ は増加しました．これらは，サンプルに加わる歪みの増加に伴い，静置時に形成

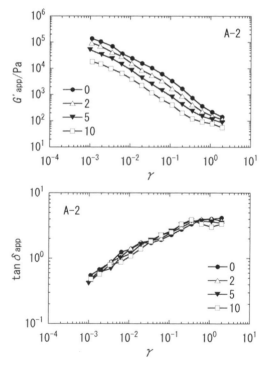

図2.23 シャーレ法により練った口紅の見かけの貯蔵弾性率 G'_{app}（上図），見かけの損失正接 $\tan\delta_{app}$（下図）の歪み γ 依存性の例[4]

されていた凝集分散構造が壊される結果と考えました．

シャーレ法の練り回数が増すと見かけの貯蔵弾性率 G'_{app} 値が小さくなりましたが，これは練り操作によりワックス網目の破壊がさらに進み，網目中に閉じ込められていた油剤が放出され，結果としてスラリー中の分散質（ワックスや色材粉体）濃度が下がったためと考えました．

練り回数の増加に伴う見かけの複素弾性率 G^*_{app} の歪み依存性の変化は口紅により大きく異なりました．見かけの貯蔵弾性率 G'_{app} 値は，練りの進行に伴い徐々に低下するものや，つぶしのみから練り操作2回目で大きく低下し，それ以上練ってもあまり変化しないものもありました．見かけの損失正接 $\tan\delta_{app}$ の歪み依存性についても，$\tan\delta_{app}$ 値やその歪み依存性が練りの進行に伴い変化しないものや徐々に変化するもの，つぶしのみと練り操作2回の間で歪み依存性パターンが大きく変化するものもありました．このように G^*_{app} の歪依存性が口紅間で大きく異なったことより，各口紅の感触の違いをこれらデータから抽出できるものと期待しました．

感触と関係するレオロジーパラメータを抽出するに際し，静置時に近い状態を表すパラメータとして歪み0.001での見かけの貯蔵弾性率 G'_{app} および見かけの損失正接 $\tan\delta_{app}$ の値を，スラリーの流動性と関係するパラメータとして $\tan\delta_{app}$ が1になる歪み値および歪み1での $\tan\delta_{app}$ 値に注目しました．また，G'_{app} および $\tan\delta_{app}$ の歪み依存性曲線の形状についても着目しました．感触と関係するレオロジーパラメータの抽出は，注目したレオロジーパラメータ値と各感触項目の官能スコアとの関係をグラフ化して相関性の有無を調べることにより行いました．

例として，"のびのなめらかさ"とレオロジーパラメータとの相関性を調べた結果を図2.24に示します．歪み0.001での見かけの損失正接 $\tan\delta_{app}$ 値と"なめらかさ"官能評価スコアとの関係をプロットしたもので，上段の図はつぶしのみの，下段の図は10往復練ったサンプルについての結果です．塗布時の使用感である"のびのなめらかさ"については，つぶしのみのサンプルの歪み0.001での $\tan\delta_{app}$ 値が大きいほど優れるという相関性が見られました．しかし，下段に示した，10往復練ったサンプルでは，着目したレオロジーパラメータと"のびのなめらかさ"評価スコアとの間には相関性は認められませ

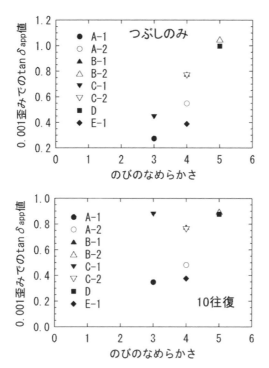

図 2.24 つぶしのみ（上図），10 往復練り口紅（下図）の 0.001 歪みでの見かけの損失正接 $\tan\delta_{app}$ 値と"のびのなめらかさ"との関係[4]

んでした．

一方，塗布後の使用感である"しっとり感"については，10 往復練ったサンプルで特徴的な歪み依存性が見出されました．2 から 5 までの"しっとり感"スコアであった 4 種類の口紅サンプルについての見かけの貯蔵弾性率 G'_{app} と見かけの損失正接 $\tan\delta_{app}$ の歪み γ 依存性を図 2.25 に示します．"しっとり感"が強い口紅の歪み依存性においては，測定歪みのほぼ全域にまたがる山状の $\tan\delta_{app}$ 曲線が見られ，これに対応する形で G'_{app} については歪み 0.3 付近に平坦域が見られました．この山状の $\tan\delta_{app}$ 曲線のピーク強度が小さくなると口紅の"しっとり感"は弱くなり，$\tan\delta_{app}$ の歪み依存性が本パターンと異なれば異なるほど"しっとり感"はさらに弱まりました．

以上のようにしてレオロジーデータと使用感との相関性を調べ，表 2.5 の

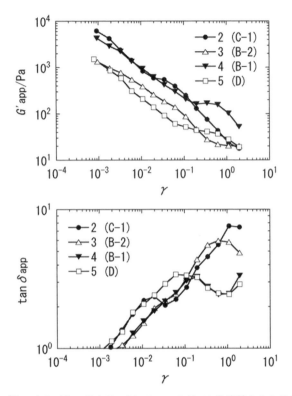

図 2.25 "しっとり感"の異なる口紅のシャーレ法 10 往復練り品の見かけの貯蔵弾性率 G'_{app}（上図），見かけの損失正接 $\tan\delta_{app}$（下図）の歪み γ 依存性 [4]

結果が得られました．表中の○はレオロジーパラメータと使用感との相関性が良い場合を，△は相関性がありそうにみえるものを示しています．上向きおよび下向きの矢印は，ある使用感を向上させるための着目しているレオロジーパラメータ値を制御する方向性です．例えば，上向きの矢印であれば，そのパラメータ値を大きくすれば着目使用感が向上することを意味します．表 2.5 の最も重要な結果は，塗布時の使用感についてはつぶしのみの，塗布後の使用感については 10 往復練ったサンプルが使用感と相関性を示すレオロジーパラメータを与えるという点でした．

"しっとり感"に優れた口紅では，10 往復練ったサンプルの見かけの損失

第 2 章　化粧品開発へのレオロジーの応用

表 2.5　口紅の感触とレオロジーパラメータ [4]

使用感	レオロジーパラメータ					摺動回数
	G' 値	tanδ 値		tanδ =1 での歪み	tanδ カーブ	
	0.001 歪み	0.001 歪み	1 歪み			
のびの軽さ	↓(△)	↑(△)	↑(△)	↓(△)	0.01, 1 歪みにピークまたはショルダー	0
のびのなめらかさ	↓(○)	↑(○)		↓(△)		0
塗布量				↓(○)		0
タッチの柔らかさ	↓(○)	↑(○)		↓(△)		0
クリーミーさ		↑(○)		↓(△)	0.2 歪みにピークまたはショルダー	0
しっとり感		↑(△)			0.1 歪みにピーク (G' に平坦域)	10

使用感とレオロジーパラメータとの相関性:　○ 良い, △ 傾向あり
↑, ↓:　使用感改善のための方向性

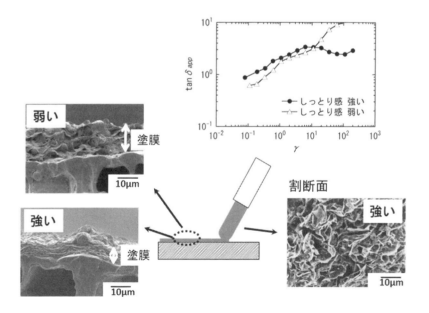

図 2.26　"しっとり感" の違いと塗膜構造 [3, 4]

正接 $\tan\delta_{app}$ の歪み依存性において，測定歪みのほぼ全域にまたがる山状の $\tan\delta_{app}$ 曲線を示すという特徴がありました．この特徴に興味を持ち，口紅塗膜の割断面調製に適した，ある基板状に塗布した口紅塗膜割断面の SEM 写真を撮りました．図 2.26 に"しっとり感"が弱い細身口紅サンプル E-2（評点 3）の塗膜，強いサンプル D（評点 5）のスティックおよび塗膜の割断面の SEM 写真を示します．"しっとり感"が弱いものでは，スティックの割断面に見られるワックス結晶片からなる網目構造が練り品の塗膜中にも見られました．一方，"しっとり感"が強い口紅の練り品の塗膜中では，ワックス結晶片は 1 枚 1 枚のレベルでバラバラになり，塗膜面に対し平行に積層していることがわかりました．

　ここで紹介しました，シャーレ法処理による口紅サンプルのレオロジー特性より口紅の感触と関係するレオロジーパラメータが得られた理由については別途検討を行いました（詳細は引用文献 4 を参照下さい）．感触認知時の構造およびレオロジー測定時の構造が再現できていることについては，図 2.26 に示すような口紅塗膜，実際に唇状に塗布した塗膜の転写物およびレオメータセルにマウントした状態物の割断面の SEM 写真を撮り，それらの類似性より確認しました．

　最近のレオメータでは回転型レオメータの回転軸方向（円錐-円板セルでのサンプルの厚み方向）での高さや押しつけ力の制御が可能なため，レオメータを使ってトライボロジー（摩擦・摩耗）測定も可能です．実は，測定を工夫した例として，パウダーファンデーションの原料粉体やパウダーファンデーションの手触り感触の計測も行ったことがあります．ご興味がある方は引用文献 3 の後半をご覧下さい．

＜例題 5＞

　4 種の調味料（H, D, J, M）について損失正接 $\tan\delta$ の角周波数 ω 依存性と粘性率のずり速度依存性測定の 2 段階目でのずり応力 σ とずり速度 $d\gamma/dt$ との関係を求めました（図 2.27 (1)）．これら調味料を滑り防止を施した金属板上にのせ，金属板を傾けたところ図 2.27 (2) の結果が得られました．4 種の調味

第 2 章　化粧品開発へのレオロジーの応用　　　　　　　　　　　　*103*

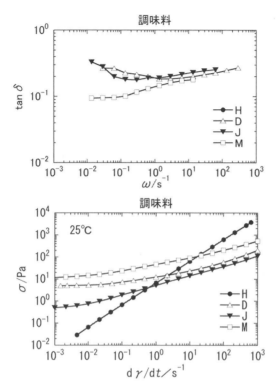

図 2.27 (1)　4 種の調味料の損失正接 tanδ の角周波数 ω 依存性（上図）と粘性率のずり速度依存性測定の 2 段階目でのずり応力 σ とずり速度 dγ/dt との関係（下図）

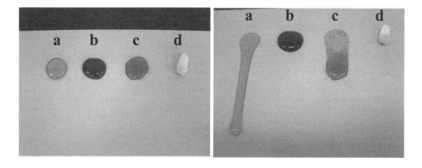

図 2.27 (2)　滑り防止処理を施した金属板上にのせた 4 種の調味料の外観．左図：板を傾ける前，右図：板を傾けて 1 分後

料が図 2.27 (2) の a〜d のどれに当たるかを考えて下さい．

<解答例>

レオロジー測定結果より H は弾性項がないことよりニュートン液体で最も流れやすいことがわかります．M は tanδ 値が低角周波数側へ向かって小さくなっているので，最も流れ難いことがわかります．σ のずり速度依存性より，降伏値は J < D < M の順に大きくなります．以上より，H は a，D は b，J は c，M は d ということになります．

2-2　化粧品のマクロ構造解析法としての可能性

2-2-1　高分子レオロジーとの比較からの構造推定

図 2.1 に示したようにレオロジーの応用可能性として，化粧品のマクロ構造の把握もあります．化粧品では機能性素材の安定配合，使用時感触の良さ，保存安定性の良さの実現のため，乳化・分散・結晶化制御（例えば，結晶性の配合成分の結晶化を抑制したりするなど）などの技術を駆使した商品化が行われています．そのため，処方成分の多さに加え，構造測定法のみでは把握できないような複雑な構造を有する商品も製造されています．既存の分光法や組成分析法では，化粧品中に含まれる成分はわかりますが，その存在状態や形態についてはわからない場合があります．形態については，光学顕微鏡で見ることができるサイズと電子顕微鏡や高エネルギー線の散乱法などで見ることができるサイズとの間の大きさの構造については良い観測法がありません．存在状態についても，周期構造がなければどんな構造をしているかを知ることはできません．

筆者は，適切なレオロジー測定を行うことにより，連続相や連続相中に分散した成分の運動性の違いや相転移挙動の違いを計測・解析することにより，化粧品の複雑な構造を把握できるのではと期待しています．ただし，連続相中に他の成分が乳化・分散したような系のレオロジー研究はあまり進んでいませんので，測定法および得られるデータの解釈法をこれから構築していく必要があります．その際，理論的にも実験的にも進んでいる高分子レオロジ

第 2 章 化粧品開発へのレオロジーの応用

一の知見が大いに参考になると考えています．

化粧品は肌ケア製品とメイクアップ製品に大別されます．これは化粧品に求める機能での分類ですが，物性や製剤構造という視点でも分かれることになります．肌ケア製品の多くは溶液または連続相である液体中に他の液体が分散したエマルションです．一方，メイクアップ製品の多くは液体中に固体が分散した固体粒子分散液やワックスや粉体を固化または成型した固体です．

これらのうち，スティック状口紅やパウダーファンデーションのような固体製品については，固体として扱うにはもろ過ぎるため，レオロジー測定を行うにはかなりの工夫が必要で，レオロジー手法の適用対象となり難くなっ

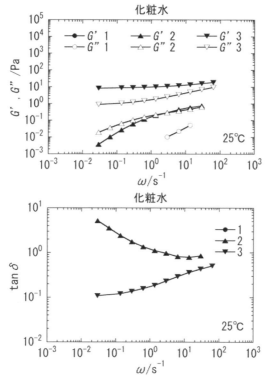

図 2.28（1） 市販化粧水の貯蔵弾性率 G'，損失弾性率 G''（上図）および損失正接 tanδ（下図）の角周波数 ω 依存性

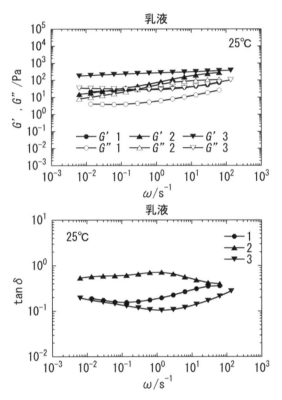

図 2.28（2） 市販乳液の貯蔵弾性率 G'，損失弾性率 G''（上図）および損失正接 $\tan\delta$（下図）の角周波数 ω 依存性

ています．他の製品については，一部の例外を除けば，測定セル内へのセットは容易で，レオロジー手法の適用対象になります．これらは，単純な見方をすれば，液状やゲル状の連続相中に他の液状成分，活性剤ミセル，結晶粒子，粉体などが分散した系といえます．

市販の化粧水，乳液およびクリームの複素弾性率 G^* の角周波数 ω 依存性および粘性率のずり速度 $d\gamma/dt$ 依存性の例を図 2.28（1）～（3）と図 2.29 にそれぞれ示します．化粧品の外観などからの使用感触の訴求のためか，最近の化粧品では化粧水・乳液・クリーム相互間の外観や性状での区別は不明瞭になってきています．以前だったら乳液と思えるものが化粧水として販売され

第2章 化粧品開発へのレオロジーの応用　　107

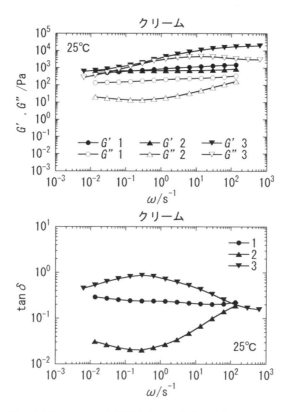

図 2.28 (3)　市販クリームの貯蔵弾性率 G'，損失弾性率 G''（上図）および損失正接 $\tan\delta$（下図）の角周波数 ω 依存性

たり，クリームと思えるものが乳液として商品化されています．これらは，溶液だったり，液体の連続相中に他の成分が乳化・分散されたもので，構造的には類似点が多く見出せます．事実，化粧水の1と2以外は，貯蔵弾性率 G' や粘性率 η 値の大きさは異なりますが，化粧水，乳液，クリームといった商品分類とは関係なく，類似の G^* の角周波数依存性や η のずり速度依存性を示します．

そこで，レオロジーの研究が先行している高分子溶液のレオロジー特性と比較することにより，液体連続相中に液体が分散したモデル液滴分散液（つまりエマルション）および固体が分散したモデル固体粒子分散液のレオロジ

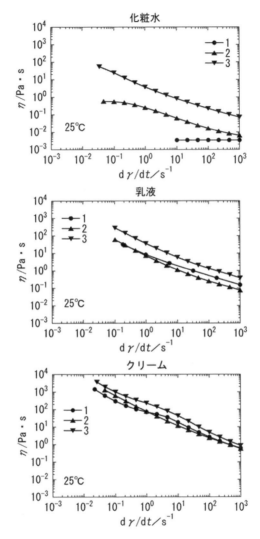

図 2.29　市販化粧水（上図），乳液（中図），およびクリーム（下図）の粘性率 η のずり速度 $d\gamma/dt$ 依存性

一特性の分散質濃度依存性の特徴の把握を行ってみましょう.

高分子溶液は液体中に高分子物質が溶けたものですが,見方を変えれば,連続相である液体中に高分子糸まり(高分子の分子鎖1本が球状に広がって溶媒に溶けている状態)が分散した系とも見なせます.高分子溶液をこのように見なせば,液滴分散液や固体粒子分散液との構造の類似性がでてきます.どれも,連続相である液体中に他の成分が分散したものということになり,違いは分散質が高分子糸まりなのか,それとも液滴なのか固体粒子なのかということになります.この分散質の違いがレオロジー特性のどの部分の差として反映されるかをみてみましょう.

高分子物質としてポリアクリル酸ナトリウム(図2.30)を使った高分子水溶液を例に,高分子溶液のレオロジー特性について説明しましょう.図2.31の上左図と上右図に,この水溶液の両対数軸でプロットした複素弾性率 G^* の角周波数 ω 依存性と粘性率 η のずり速度 $d\gamma/dt$ 依存性に及ぼす高分子濃度の影響をそれぞれ示します.なお,両図中の数字は高分子濃度(mass%)値です.また,図の下図には高分子濃度の増加に伴う高分子溶液の構造の変化をイメージとして示しました.

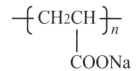

図2.30 ポリアクリル酸ナトリウムの化学構造

最初に,上左図の複素弾性率 G^* の角周波数 ω 依存性の高分子濃度による変化について説明します.最も高分子濃度が低いサンプルでは粘性項(損失弾性率 G'')のみが観測されます.高分子濃度が増すにつれ,弾性項(貯蔵弾性率 G')も観測されるようになりますが,G'値は G'' 値を超えることはありません.分子量分布が狭い高分子を使用した場合には,$G' \propto \omega^2$,$G'' \propto \omega$ が成立し,低角周波数側へ向けて G' は傾き2で,G'' は傾き1でそれぞれ低下していきます.なお,ここで用いた高分子物質は分子量分布があまり狭くないため,G' や G'' の低角周波数側へ向けての低下はゆるくなっています.

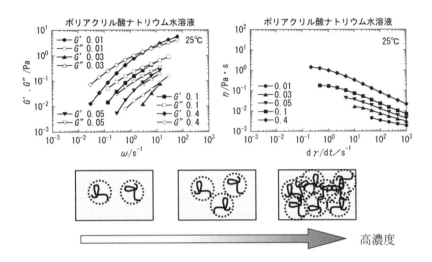

図 2.31 ポリアクリル酸ナトリウム水溶液の貯蔵弾性率 G', 損失弾性率 G'' の角周波数 ω 依存性（上左図）と粘性率 η のずり速度 $d\gamma/dt$ 依存性（上右図），高分子溶液の溶質濃度が増すイメージ（下図）

　さらに高分子濃度が増すと，高角周波数 ω 域で貯蔵弾性率 G' 値が損失弾性率 G'' 値を上回るようになります．この領域では，高分子鎖の幾何学的な絡み合いが形成され，これが架橋点として働きます．この絡み合いは，高分子鎖が鎖方向に沿って拡散することにより解消されます．測定時にサンプルに加わる歪みの角周波数がこの絡み合いの解消速度より速い場合には，絡み合いは架橋点として作用し，高角周波数域では弾性応答 G' が顕著になります．一方，測定歪みの角周波数が絡み合いの解消速度より遅くなると，高分子分子は絡み合い部から抜け出すことができ（粘性変形する），低角周波数域では粘性応答 G'' が顕著になります．$G'=G''$ となる角周波数の逆数（$1/\omega$）は絡みあい解消と関係する緩和モードの緩和時間の目安を与えます．

　高分子の絡み合いとその解消が関係する緩和の場合にも，高分子の分子量分布が狭い場合には，$G' \propto \omega^2$，$G'' \propto \omega$ が成立し，低角周波数側へ向けて G' は傾き 2 で，G'' は傾き 1 でそれぞれ低下していきます．本結果で G' と G'' の低角周波数へ向けての低下が緩いのは，先ほどと同様，分子量分布があるためと考えています．

第 2 章　化粧品開発へのレオロジーの応用

次に，図 2.31 の上右図の粘性率 η のずり速度 $d\gamma/dt$ 依存性について説明します．分子量分布が狭い高分子物質を使った場合，高分子濃度が低いうちは，η はずり速度に依存せずに一定値をとります（ニュートン液体の挙動）．濃度が上がるにつれ，η 値が増すとともに，高ずり速度域で η 値が低下するずり軟化現象を示すようになり，ずり軟化現象が始まるずり速度も低下していきます．なお，本結果で低ずり速度域の挙動がニュートン液体的になっていないのは，使用した高分子物質の分子量に分布があったためと考えています．

高分子溶液の複素弾性率 G^* の角周波数 ω 依存性と粘性率のずり速度 $d\gamma/dt$ 依存性について説明してきましたが，高分子溶液では Cox-Merz 則（コックス-メルツ則）[7] が成り立つという顕著な特徴があり，測定サンプルの連続相の構造を知る際の大きな手がかりになると考えています．

ここで，コックス-メルツ則について簡単に説明します．レオメータを使って複素弾性率 G^* の角周波数 ω 依存性の測定を行うと，複素粘性率 η^* というパラメータも測定結果として得られます．G^* の強度を $|G^*|$ と表記するということを 1-2-2 項の動的粘弾性の説明のところで記しましたが，η^* の強度も同様に $|\eta^*|$ と表されます．$|G^*|$ 値を測定に使用した ω 値で割ると η^* の強度である $|\eta^*|$ が得られます．粘性率 η との違いは，η が線形歪み以上の大きさの歪みがサンプルに加わった状態（サンプルの静置時の構造は壊れている）の粘性率なのに対し，$|\eta^*|$ は静置時の構造を壊していない状態での粘性率になります．η^*（G^*）を測定する際にサンプルに加える角周波数と，η を測定する際にサンプルに加えるずり流動の速度（ずり速度 $d\gamma/dt$）が時間の逆数といった同じ次元の物理量であることに着目して，両物理量を等価として扱うと（$d\gamma/dt=\omega$ とすると），$\eta(d\gamma/dt) = |\eta^*(\omega)|$ となるというもので，コックス-メルツ則と呼ばれています．

図 2.31 で複素弾性率 G^* の角周波数 ω 依存性と粘性率 η のずり速度 $d\gamma/dt$ 依存性の測定結果を示した高分子水溶液について，複素粘性率 η^* の強度 $|\eta^*|$ を縦軸に ω を横軸に，また η を縦軸にずり速度を横軸にしたプロットを考えます．ω の強度値とずり速度の強度値を形式的に同じとして扱い，それらを一つの共通の横軸で表現すると図 2.32 に示すようなグラフが得られます．図からわかるように，同一濃度のサンプルの各 $|\eta^*|$ 値と η 値が 1 本の曲線にプ

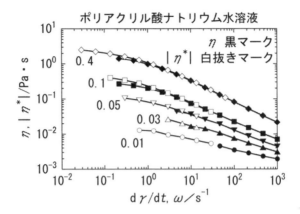

図2.32 図2.31のポリアクリル酸ナトリウム水溶液のコックス-メルツプロット

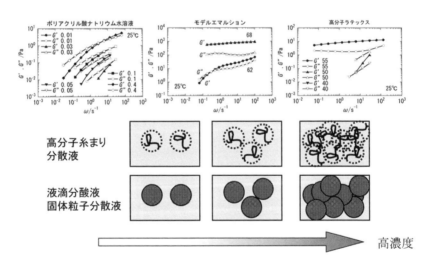

図2.33 ポリアクリル酸ナトリウム水溶液（上左図），モデルエマルション（上中図），高分子ラテックス（上右図）の貯蔵弾性率 G'，損失弾性率 G'' の角周波数 ω 依存性，各分散液の分散質濃度の増すイメージ（下図）

ロットされているように見えます（コックス-メルツ則が成り立つ）．測定サンプル中に形成されている物理架橋点が高分子鎖の幾何学的な絡み合いのみの高分子溶液や溶融物では，経験的に，このコックス-メルツ則が成り立つといわれています．

分散質が液滴である液滴分散液と固体粒子である固体粒子分散液のレオロジー特性を高分子溶液のそれと比較してみましょう．液滴分散液として水と油と活性剤のみで調整した O/W モデルエマルション，固体粒子分散液として高分子球が水中に分散した高分子ラテックスを例に説明します．図 2.33 に先ほどの高分子水溶液，O/W モデルエマルションおよび高分子ラテックスの複素弾性率 G^* の角周波数 ω 依存性に及ぼす分散質濃度の影響を示します（図中の数字は mass%を表す）．また，下図には，分散質の濃度が増す様子をイラスト的に示します．高分子水溶液の場合と同様，分散質濃度が低い場合には粘性項（損失弾性率 G''）のみが観測され，濃度が増加するにつれ弾性項（貯蔵弾性率 G'）が観測されるようになります．さらに濃度が増すと，高分子溶液の場合と同様に，高周波数域で $G' > G''$ となります．また，低周波数域へ向けての G' と G'' の低下の仕方は高分子溶液の場合と似ています．

分散質の濃度がさらに増し，分散質がお互いに接し合い，分散質の接触による 3 次元架橋構造が形成されるようになると，貯蔵弾性率 G' や損失弾性率 G'' の角周波数 ω 依存性が少なくなり，$G' > G''$ の傾向は強まります．また，高分子溶液の高濃度域で見られる低周波数域へ向けての G' や G'' の大きな低下挙動は見えないか，あってもかなり低周波数域であろうと思える挙動となります．

これらサンプルの粘性率 η のずり速度 $d\gamma/dt$ 依存性に及ぼす分散質濃度の影響を図 2.34 に示します（図中の数字は mass%を表す）．分散質濃度が低い領域はいずれのサンプルもニュートン液体的で顕著な差は見られません．分散質濃度が上がると，液滴分散液である O/W モデルエマルションと固体粒子分散液である高分子ラテックスでは，どの速度領域でもずり軟化現象（ずり速度の上昇に伴い η 値が低下する現象）を示すようになり，特に，低ずり速度域のずり軟化の程度は大きくなります．

ここまで記してきましたように，高分子溶液と分散液（液滴分散液や固体

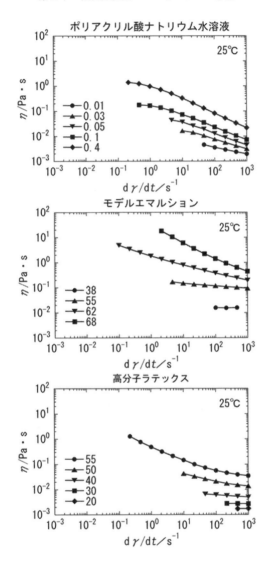

図 2.34 ポリアクリル酸ナトリウム水溶液（上図），モデルエマルション（中図），高分子ラテックス（下図）の粘性率 η のずり速度 $d\gamma/dt$ 依存性

粒子分散液）で分散質濃度が高くなり，分散質がお互いに接するようになると，基本レオロジー特性に差が見えるようになります．高分子溶液では，分散質である高分子の濃度が増すと高分子鎖の幾何学的な絡み合い点が形成されます．この絡み合い点は長い時間たてば，高分子の長さ方向の熱運動により絡み合っていた高分子鎖は絡み合いから抜け出し，絡み合い点はなくなります．結果として，絡み合い点のために拘束されていた高分子は流動変形できたことになります．そのため，高分子溶液では含まれる高分子鎖の絡み合い点の解消に必要な時間以上待てば流動する様子が見られることになります．

つまり高分子溶液の複素弾性率の角周波数 ω 依存性や粘性率 η のずり速度依存性では，どこかの低角周波数や低ずり速度域で，高分子鎖の流動に対応する貯蔵弾性率 G' と損失弾性率 G'' の低 ω 側へ向かっての低下，η のニュートン液体的な挙動（η 値がずり速度によらず一定）が見られることになります．

一方，液滴分散液や固体粒子分散液のような分散系では，物理架橋点（分散質の接触点）を解消するには，分散質全体の移動が必要で，解消時間がとても長くなったり，外部から変形を与えるなどの仕事をしない限り解消しません（降伏応力を有する場合）．そのため，貯蔵弾性率 G' や損失弾性率 G'' の角周波数依存性が小さくなったり，粘性率 η のずり軟化現象が顕著になります（計測のためにサンプルに加わるずり流動により，物理架橋点が壊れていく）．

以上のように，高分散質濃度域では，高分子溶液と分散系の基本的なレオロジー特性には差が見られるようになります．実は，ここまで分散質濃度が高くない領域からでも，より顕著なレオロジー特性の差が見られます．これらサンプルについての コックス–メルツプロットを図 2.35 に示します（図中の数字は mass%を表す）．図からわかるように，分散系では弾性項を示さないような分散質濃度が低い場合を除き，コックス–メルツ則が全く成立せず，複素粘性率の強度$|\eta^*|$と粘性率 η との関係は，$|\eta^*| > \eta$ となります．分散系ではコックス–メルツ則が成立しないということは,化粧品のマクロ構造を知る上で大きな手がかりとなると考えています．次にその例を少し紹介します．

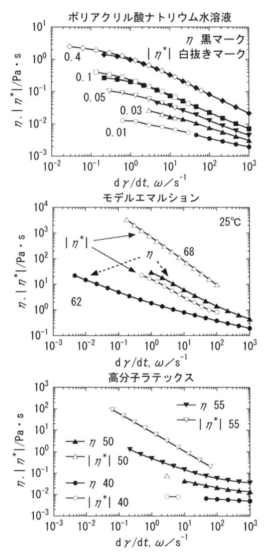

図 2.35 ポリアクリル酸ナトリウム水溶液（上図），モデルエマルション（中図），高分子ラテックス（下図）のコックス-メルツプロット

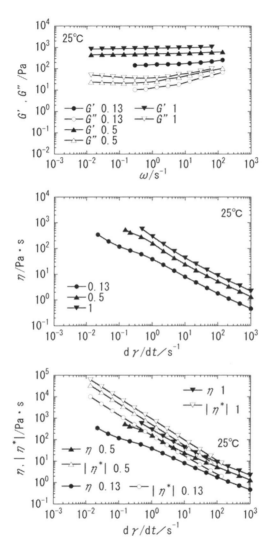

図 2.36 微架橋高分子分散液の貯蔵弾性率 G',損失弾性率 G'' の角周波数 ω 依存性(上図),粘性率 η のずり速度 $d\gamma/dt$ 依存性(中図),およびコックス-メルツプロット(下図)

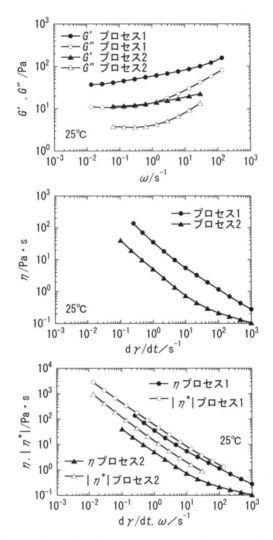

図 2.37 固体粒子分散エマルション製剤の貯蔵弾性率 G', 損失弾性率 G'' の角周波数 ω 依存性（上図），粘性率 η のずり速度 $d\gamma/dt$ 依存性（中図）およびコックス-メルツプロット（下図）

第2章 化粧品開発へのレオロジーの応用

　化粧品では，感触制御や保存安定性の向上のために様々な増粘手法が使われています．特に，高分子増粘剤を使った増粘が多く用いられていますが，大きく分けて，先ほどの高分子水溶液の例で示したような連続相液体中に高分子糸まりとして溶解されているものと，溶媒を吸って膨らんだ(膨潤した)柔らかい粒子として分散されているものがあります．後者は，高分子鎖間に化学的な架橋点がわずかに導入されたもので，液体を吸って膨潤はしますが溶解はしません．代表的なものとして，図2.31と図2.32で高分子溶液の基本レオロジー特性を説明する際に使用したポリアクリル酸ナトリウム(図2.30)に近い化学構造を有する高分子鎖間を部分的に化学的に結合させたといわれる増粘剤があります．

　この増粘剤を水に膨潤・分散させた液の複素弾性率 G^* の角周波数 ω 依存性，粘性率 η のずり速度 $d\gamma/dt$ 依存性およびコックス-メルツプロットを図2.36に示します(図中の数字は mass%を表す)．図から明らかなように，この系では G^* の角周波数依存性と η のずり速度依存性が分散系的であるのに加え，コックス-メルツ則は成立していません．理由は，この系が膨潤した高分子粒子の分散液であるためです．

　コックス-メルツ則を商品開発現場で応用した例を示します[6]．固体粒子も分散させたあるエマルション製剤の調製で，調製プロセスの順序を変えると保存安定性が全く異なりました．プロセス1品では安定性が良かったのに対し，プロセス2品では保存2週間で油の分離が見られました．

　両調製法品の複素弾性率 G^* の角周波数 ω 依存性，粘性率 η のずり速度 $d\gamma/dt$ 依存性およびコックス-メルツプロットを図2.37に示します．保存安定性が悪かったプロセス2品では，貯蔵弾性率 G' 値や η 値がプロセス1品と比べて低いのですが，G^* の角周波数依存性を見る限りでは3次元物理架橋構造も形成されているようでした．しかしながら，コックス-メルツプロットにおける η と複素粘性率の強度 $|\eta^*|$ の重なり具合はプロセス1品に比べて悪いものでした．保存安定性の違いは，増粘剤として配合した高分子増粘剤の存在の仕方の違いであることが示唆されました．安定性が良かったプロセス1品では高分子増粘剤が連続相中に溶解して存在しているのに対し，安定性が悪かったプロセス2品では連続相中に溶解して存在していないと判断しました．

2-2-2 増粘剤の特徴からの構造推定

 低分子の界面活性剤同士が分子間相互作用により会合することで超分子体を形成します．それによる増粘現象を利用した系としてひも状ミセルとフラワーミセルの例を紹介しましょう．

(1) ひも状ミセルによる増粘系

 液状の洗浄剤やシャンプー製品には高分子増粘剤が全く配合されていなか

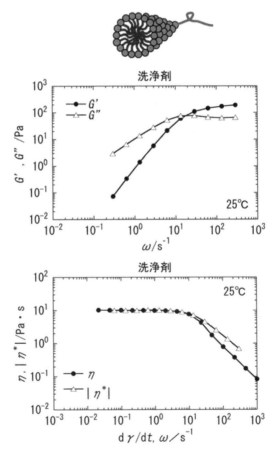

図 2.38 ひも状ミセルの構造イメージ（上図），全身洗浄剤の貯蔵弾性率 G'，損失弾性率 G'' の角周波数 ω 依存性（中図）およびコックス-メルツプロット（下図）

第2章 化粧品開発へのレオロジーの応用

ったり,あまり高濃度に配合されていないのにも関わらず,高分子溶液的なレオロジー挙動を示すものがあります.最近は,製品の全成分表示が義務づけられています.そのため,製品の成分表示とモデル物質のレオロジー特性より,その商品が界面活性剤が形成するひも状ミセルによる増粘を利用していると推定できる場合が多々あります.図2.38にひも状ミセルのイラスト図と海外で販売されている透明全身洗浄剤の複素弾性率 G^* の角周波数 ω 依存性とコックス-メルツプロットを示します.ちなみに,ひも状ミセルといわれる理由は,図中のイラストに示すように,界面活性剤分子が分子間相互作用によりひも状に成長しているためです.

この製品では,上図の複素弾性率 G^* の角周波数 ω 依存性の高角周波数域で貯蔵弾性率 G' >損失弾性率 G'' であることより,界面活性剤からなるひも状ミセル超分子がお互いに幾何学的に絡み合う濃度域にあることがわかります.下図のコックス-メルツプロットを見ると,低ずり速度 $d\gamma/dt$・低角周波数域ではコックス-メルツ則が良く成立していことがわかります.しかし,10 s^{-1} より速い領域では複素粘性率の強度 $|\eta^*|$ と粘性率 η とが,$|\eta^*| > \eta$ となりコックス-メルツ則が成立しなくなっています.これは,外力により速いずり流動がこの商品に加わると,ひも状ミセル構造を維持できずにひもが切れ,そのために η 値が $|\eta^*|$ 値より小さくなってしまうためと考えられます.

(2) フラワーミセルによる増粘系

会合による超分子体のもう一つの例にフラワーミセル水溶液があります.フラワーミセルは,親水性の分子骨格に疎水性の両末端部があるような,分子量があまり大きくない重合体が図2.39に示すようなフラワー(花)状の会合構造体を形成したものです.先のひも状ミセルの場合と同様,モデル物質を使いフラワーミセル系が示すレオロジー特性を事前に知っておくことにより,そのレオロジー的な特徴より,調べようとしている化粧品の増粘がフラワーミセルによるものかどうかを推定できることがあります.図2.40に,ある市販化粧品の複素弾性率 G^* の角周波数 ω 依存性,粘性率 η のずり速度 $d\gamma/dt$ 依存性およびコックス-メルツプロットを示します.フラワーミセル系のレオロジー的な特徴の一つは,G^* の角周波数依存性が図1.16で説明しまし

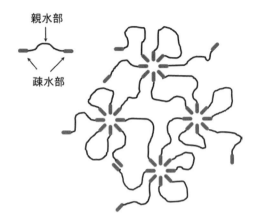

図 2.39　フラワーミセルのイメージ図

たマクスウェルモデルでフィッティングできることです．

　図 2.40 の上図に複素弾性率 G^* の角周波数 ω 依存性の測定点とそれをマクスウェルモデルでフィッティングした結果を示します（貯蔵弾性率 G' を実線，損失弾性率 G'' を破線で示す）．高角周波数域については，より緩和時間が短い緩和モードが存在するためか，フィッティング性は悪いのですが，低角周波数域では良い一致を示しました．

　フラワーミセルでは，ある速さ以上のずり流動が加わることにより，ミセル間をブリッジしている分子鎖が引き伸ばされるためにずり応力が増し，その後，ブリッジが切れるために急激に応力が低下します．この様子は中図の粘性率値が $0.1\,\mathrm{s^{-1}}$ でわずかですがいったん上昇し，その後に急激に低下する挙動として観測されます．同様な挙動は下図のコックス–メルツプロットにも見られます．低ずり速度域では複素粘性率の強度 $|\eta^*|$ は粘性率 η より若干大きいのですが，速度が増してくると，いったん，η 値が $|\eta^*|$ 値よりわずかに大きくなり，その後は η 値は急速に低下します．高ずり速度域では，分子鎖が引き伸ばされるためか（引き伸ばすための応力が上乗せされる），ひも状ミセルとは反対に $|\eta^*| < \eta$ となります．

第 2 章　化粧品開発へのレオロジーの応用

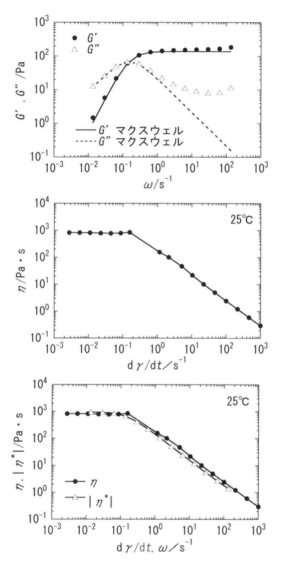

図 2.40　ある市販化粧品の貯蔵弾性率 G', 損失弾性率 G'' の角周波数 ω 依存性（上図），粘性率 η のずり速度 $d\gamma/dt$ 依存性（中図），およびコックス-メルツプロット（下図）

2-2-3 相転移挙動の活用

　ここまで記してきましたように，化粧品の複雑な構造を知るのに，コックス-メルツ則の成立性や，超分子会合体での例のように，ある構造体が示す特徴的なレオロジー特性に着目してマクロ構造を推定することが可能と考えています．もう一つ，有力な方法として，相転移挙動や特徴的な分子運動モードの差に着目する方法があると考えています．この方法からは，場合によっては，使用されている主剤が何なのかの手がかりを得たり，エマルションのタイプや乳化による増粘と併用されている増粘法の存在や種類を知ることができると期待しています．

　ここで，なぜ，相転移に着目しているかについて，分子からなる物質を例に簡単に記します．皆さんは，水が酸素原子 O が 1 個と，水素原子 H が 2 個とが化学的に結合した水分子 H_2O からなり，大気下では 0℃より低温で固体状態，0℃から100℃の間では液体状態，100℃より高温では気体状態になることをご存知かと思います．この 3 種の水の存在状態の違いは，水分子の空間での詰まり方と水分子間の相互作用力の違いで生じています．

　固体状態を氷と呼んでいますが，この状態では水分子はお互いが接するような距離で，空間内のある位置（配置に規則性がある場合は結晶状態，ない場合には非晶状態）に配置され，その位置に固定されています．そのため，時間が経っても外観形状は変化しません．液体状態は水と呼ばれていますが，水分子の熱運動のエネルギーが増した結果，氷の状態で形成されていた配置位置から脱出する分子が出てきます．分子が出た後には空きが生じ，その空きの場所に隣にいた水分子が移動できるようになり，外観的には流動性を示すようになります．気体状態ではさらに水分子が有する熱運動のエネルギーが増し，水分子間の相互作用エネルギーよりはるかに大きなエネルギーを持つため，空間内を自由に飛び回ることができるようになります．

　以上，水分子を例に説明しましたが，同じ分子から構成される物質でも，分子の空間での配置の仕方や配置位置での分子の向きや運動性が異なっていると外観や物理的な性質が異なります．そしてこの他とは異なる存在状態を相と呼び区別しています．

　先ほどの水の例では，低温側から温度が上昇するにつれ，固相，液相，気

相が存在します．通常，物質には固相，液相，気相の状態（物質の三態といいます）が存在しますが，テレビのディスプレイで主流になっている液晶ディスプレイに使われている液晶相というものもあります．これは液体のように流動性を有しますが，分子の空間内での配置には結晶のようにある程度の規則性を有しています．また，固体状態といっても，いろいろな相状態があります．例えば，高分子では固体状態で分子の空間配置に規則性がある結晶相と規則性がない非晶相（アモルファス相）があります．また，結晶相の中でも，分子の空間的な規則性の違いで複数の結晶型が存在する場合もあります．

水の例で説明しましたように，通常，物質の温度を変えると相状態が変化します．これを相転移といい，温度以外では圧力を変化させても相転移は生じます．各相での分子の空間的な配置状態や配置位置での分子の向きは分子間相互作用と分子がその温度で有する熱運動のエネルギーとの関係で決まります．もし，物質の温度を変化させると構成分子間の相互作用と分子の熱運動エネルギーの関係は変化し，その相を維持できる範囲を超えると，別の相に相転移することになります．この温度変化による相転移挙動は物質に固有で，相転移温度を物質の同定に利用することができます．

レオロジー測定から相転移挙動を知ることができるのは，次の理由からです．物質中の分子の空間的な配置状態や配置位置での分子の向きは分子間相互作用と分子がその温度で有する熱運動のエネルギーとの関係で決まりますが，これが各相の複素弾性率 G^* の大きさと，その温度依存性の差として反映されます．つまり，G^* の温度依存性を測定すれば，その変化挙動より相転移の様子を知ることができることになります．

以下に，相転移挙動の応用例について簡単に紹介します．図2.41にシリコーンガムの複素弾性率 G^* の温度依存性を示します．図の結果にはありませんが，シリコーンガムの場合，-130℃付近にポリジメチルシロキサンのガラス転移に関係する運動モードが観測され，その部分で貯蔵弾性率 G' と損失弾性率 G'' ともに低下します．その後，昇温により-50℃付近にポリジメチルシロキサン結晶の融解に伴う，G' や G'' の急速な低下が見られ，ゴム状平坦域を示したのち，最終的には流動域に至ります．ガラス転移点や融点はシリ

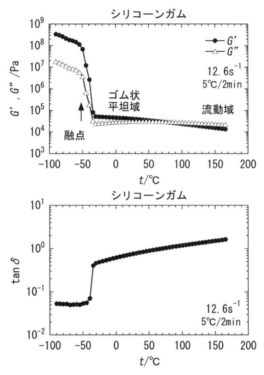

図 2.41 シリコーンガムの貯蔵弾性率 G'，損失弾性率 G''（上図）および損失正接 $\tan\delta$（下図）の温度依存性

コーン油でも観察されますが，シリコーンガムとの違いは融点を過ぎるとたちまちニュートン液体になってしまうことです．ガラス転移点や融点がこのような低温部で見られるケースは少なく，これらが低温で観測される場合，ポリジメチルシロキサンがサンプル中に含まれる可能性が高くなります．

化粧品では連続相である液体中に液滴や固体粒子を分散させたり，連続相自体に何らかの構造体を形成させている場合が多いようです．連続相が水相だと，0℃より少し低温側で融解現象を示す可能性が高くなります．連続相の融解現象の有無と融解温度より連続相が何かを推定できることがあります．図 2.42 に 2 種類の市販クリームの複素弾性率 G^* の温度依存性の測定例を示します．製品 1 は 0℃より低温側で G' と G'' ともに急激に低下する領域

第2章 化粧品開発へのレオロジーの応用

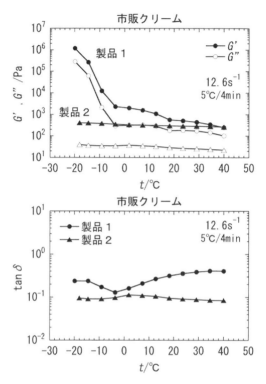

図2.42 市販クリームの貯蔵弾性率 G', 損失弾性率 G'' (上図), 損失正接 $\tan\delta$ (下図) の温度依存性

が見られ，連続相が水相で氷が融解した可能性が高いと判断します．一方，製品2では低温部に融点の存在を示す挙動は見られず，こちらの連続相は油相である可能性が高いと考えます．また，製品1には20℃付近にも何らかの相転移がありそうで，連続相そのもの，または共存物の特定のヒントになります．

複素弾性率 G^* の温度依存性の測定は簡単ですが，相転移の検出感度は高く，示差走査熱量計（DSC）では検出できないような相転移の有無もわかります．理由は，DSC測定では熱の出入りを伴う相転移を検出するのに対し，G^* の温度依存性では，転移に伴う熱の出入りがないような分子の配置状態の変化をも検出するためです．実際の応用の仕方としては，G^* の温度依存性測

定結果より相転移の有無を知ります．相転移があった場合には，必要に応じて，光学顕微鏡による詳細観察や図 2.1 で説明した既存の構造解析法を駆使して相転移の帰属を行うことになります．

第3章 使えるレオロジーデータを得るために

3-1 化粧品測定に適したレオメータ

　先にも記しましたが，化粧品には，仕上がりの美しさや肌ケアの実現といった本来の性能に加え，使用感触の良さ，使い勝手の良さ，および経時での安定性の良さが求められます．そのため，増粘剤技術，乳化分散技術，結晶成長制御技術などを駆使し，水のように低粘性率の化粧品から棒状口紅のような固体状のものまで様々な状態の製品が製造されています．また，線形歪みも 10^{-3} より低いものから1を超えるものまであります．つまり，化粧品に関わるテーマを扱うためには，水のような低粘性率の液体から固体までの動的粘弾性測定や粘性率測定が行え，かつ 10^{-3} を切るような変形歪みでの動的粘弾性測定が容易かつ正確に行えることが必要になります．

　初期に登場した商業ベースのレオメータは歪み制御型（測定サンプルに所定の歪みを加え，発生する応力を検出することによりレオロジー測定を行う）で，図3.1に示したように測定セルに接続する形で下部にモータが，上部に力検出センサーがついた構造をしています．測定に際しては，下部モータを動かすことにより測定サンプルに必要な歪みやずり流動を与え，上部の力センサーで生じる力を検出します．一つの型番の力検出センサーのみでは検出できる力の範囲が狭いため，低粘性液体および高粘性液体と固体用といった具合に，測定対象に応じたセンサーに切り替えて測定を行う必要がありました．また，構造上の理由からか，測定できる最低歪み量を 10^{-3} より低くできないという制約もあり，線形歪み値が小さな化粧品の動的粘弾性の測定はうまくできませんでした．

　その後，応力制御型（測定サンプルに応力を加え，それにより生じる変形を検出してレオロジー測定を行う）のレオメータが登場しました（図1.9を

図 3.1 ある歪み制御型レオメータの全体（上図）と測定部の拡大（下図）

参照）．この型のレオメータでは測定セルの下側部は固定されており，上側のセルはシャフトで上部にあるモータに繋がる形になっています．このモータのみを使ってサンプルに必要な応力を加え，同時に，モータ部に組み込まれたセンサーにより，その時のサンプルの歪み量やずり速度を計測して測定を行います．応力制御型のレオメータでは数種の測定セルを揃えれば，一組のモータと力検出センサーのみで低粘性液体から固体までの測定が可能になりました．

　ただ，不便なのは，測定経験がないサンプルの場合には，測定のために欲しい歪みやずり速度を生み出すために必要な応力値を求めるための予備測定

が必要なことでした．そのため，使いやすさの点では，歪み制御型レオメータの方が，歪みや歪み速度を測定条件として入力するのみで測定を行うことができて，優れていました．また，応力制御型レオメータである設定歪みで測定しようとする場合，装置内で自動的に，本測定に先立ちサンプルに応力を加えてその変形具合を調べ，それを必要な発生歪みになるまで繰り返すという制御が入ります．そのため，応力制御型レオメータにとっては，応力を加えると壊れやすいサンプルの複素弾性率 G^* の歪み依存性を測定することは苦手でした．しかしながら，その後，応力制御型のレオメータでありながら，歪み制御での測定を問題なく行える装置も市販され（例えば，図 1.9），線形歪みが 10^{-3} より小さな化粧品のレオロジー測定が簡単に行えるようになりました．

　応力制御型の回転型レオメータがあれば，直径 25 mm，50 mm，および 75 mm の円錐-円板セルを準備しておけば，流動性がある化粧品のレオロジー測定は簡単にできます．流動性を持たないゲルや固体状のサンプルの測定については，円板-円板セルが適しています．ただし，溝つきセルなどのセル-サンプル界面での滑りを抑制できるタイプの円板セルを使用する必要があります．また，貯蔵弾性率 G' 値が 10^6 Pa を超えるような硬さを有するサンプルの測定を行うには，セル径をもっと小さくする必要があります．通常，筆者は G' 値が 10^6 Pa を超えるようなサンプルの測定には直径 6 mm の溝つきの円板セルを使用しています．

3-2　レオメータの性能把握

　最近のレオメータの性能の進歩は目覚ましいところがありますが，メーカーの性能スペック表を一方的に信じるのは危険です．自分なりの性能確認を行うことを勧めます．商品開発に際しては，レオロジー特性が知られていないサンプルの測定が多く，そのサンプルが弾性項を有するのかそうでないのかを間違えずに把握する必要があります．そのためには使用しているレオメータの性能を，その癖までも含めて理解・把握しておく必要があります．円錐-円板セルを使う場合，通常のレオロジー測定に必要なおよその必要スペッ

クは以下のとおりです.

＜動的粘弾性測定＞
　測定角周波数範囲：$6.28 \times 10^{-3} \sim 300\ s^{-1}$ 程度
　測定歪み範囲（歪み依存性）：$1 \times 10^{-5} \sim 10$ 程度
　測定歪み範囲（角周波数依存性）：$3 \times 10^{-5} \sim 3 \times 10^{-1}$
　偏向角分解能：10 nrad
＜粘性率測定＞
　測定ずり速度範囲：$1 \times 10^{-4} \sim 2000\ s^{-1}$ 程度
　偏向角範囲：$1 \sim$ 無限大 μrad
＜動的測定，粘性率測定に共通＞
　トルク範囲：$3 \times 10^{-4} \sim 200$ mNm
　トルク分解能：0.1 nNm
　測定温度範囲：$-150 \sim 250$℃

上記のスペック内での測定条件設定が可能かどうかの把握は行っておく必要があります．次に，粘性率 η 値が 10 mPa・s 程度と低い粘性液体（例えば，シリコーン油など）の複素弾性率 G^* の角周波数 ω 依存性を測定してみて，貯蔵弾性率 G' 項が検出されず，損失弾性率 G'' の対数 $\log G''$ が $\log \omega$ の低下

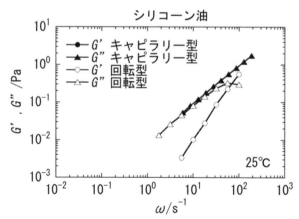

図 3.2　シリコーン油（10 mPa・s）の貯蔵弾性率 G'，損失弾性率 G'' の角周波数 ω 依存性

に伴い傾き 1 で低下するといった結果が得られるかどうかの確認が必要です．図 3.2 にシリコーン油（η 値が 10 mPa・s）の G^* の角周波数 ω 依存性を測定した結果を，両対数プロットとして示します．図からわかるように，ここで使用した回転型レオメータでは G' が検出され，それが角周波数の低下に伴い傾き 2 で低下するといった結果になっていました．これは，使用した回転型レオメータが，測定サンプルがニュートン液体であっても弾性項があるような測定結果を出したことを意味しており，装置の校正が必要ということになります．図中には，参考までに，キャピラリー型の動的粘弾性装置で測定した結果もプロットしており，こちらの装置では G' 項は観測されませんでした．

3-3　測定データ解釈にあたっての注意

最近のレオメータで検出できるトルクの下限値の性能向上には目覚ましいものがあります．そのため，セルの最外周部に形成される測定サンプルのメニスカスの不均一に起因するトルクさえも検出してしまい，奇妙なデータが得られる場合があります．なお，この問題については最近になって論文が出ており[8]，理論的な詳細はそちらを参考にしていただきたいと思います．

メニスカスが関係するこの現象についての話を進める前に，発生原因について簡単に説明します．皆さんは，透明なガラス製のコップに水を注ぎ，水面上部とコップの壁面部を観察されたことはあるでしょうか．よく見るとコップの壁面部では，水面の端がコップ壁面に沿って這い上がっている様子が

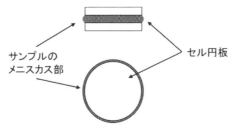

図 3.3　液体サンプル測定時にセル端面にできるメニスカス．上図：真横から眺めた図，下図：真上から眺めた図

観察できると思います（コップ表面が油などで汚れていない場合）．これはコップの素材であるガラス表面が水を引っ張る力と，水の方は表面積を少しでも小さくしようとしてできたもので，メニスカスと呼ばれます．

　レオロジー測定を行う際には，測定サンプルを円錐-円板セルや円板-円板セルの間に挟み込みますが，その際，図 3.3 に模式的に示すように，セル端面の測定サンプルが空気と触れる部分では，測定サンプルのメニスカスが形成されます．メニスカスが形成されている場合，メニスカスの表面積を少しでも小さくしようとします．図 3.3 のような場合には，メニスカス部の表面積を縮めようとして表面に沿って働く力（メニスカス力）はセルである円板の中心方向に働くことになります．

　レオロジー測定ではセル円板の円周方向の力を検出しますので，本来ならば，メニスカス力は検出されないことになります．しかしながら，測定に伴い円板を周方向に振動させたり回転させたりすると，メニスカス部もそれにつられて変形し，周方向の力成分を生じることになります．低粘性率のサンプルを測定する場合，レオロジー測定に対する応答としてサンプルが発生する力と，このメニスカス力により生じる力の大きさが同程度になるようで，レオロジー測定に影響するようになります．メニスカス形状を真上から眺めた形状は，図に描いたように円形とは限らず，場合によってはレオロジー測定で発生する力に対してプラスとして作用したりマイナスとして作用したりする可能性が出てきます．

　一時期，筆者もこの現象についてデータの真偽を調べたことがあり，その時の検討例を紹介します．例えば，数百 mPa・s 程度以下の粘性率を有するニュートン液体の粘性率 η のずり速度 $d\gamma/dt$ 依存性測定を行うと，低ずり速度域の挙動があたかも非ニュートン流体のような結果が得られることがよくあります．ずり速度が低下すると粘性率も低下して計測される場合は，異常に気づき問題はありません．しかし，粘性率が本来の値より高く出て，あたかもずり軟化現象が出ているように見える場合が問題となります（例えば，図 3.4）．これは低粘性率のインクを測定した例ですが，あたかもずり軟化を示す非ニュートン液体の挙動を示しています．同様な結果は，増粘剤をあまり配合していない化粧水でも頻繁に得られます．

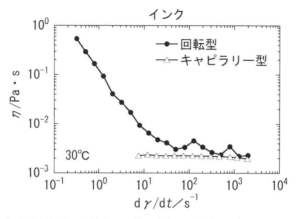

図 3.4 低粘性液体の粘性率 η のずり速度 $d\gamma/dt$ 依存性データにおける注意点

図中にはメニスカスの影響が少ないキャピラリー型のレオメータで測定した結果も示しましたが，こちらの結果より，測定サンプルがニュートン液体であったことがわかります．このように，結果の真偽を判断するにはキャピラリー型のレオメータを使っての検証が必要になります．しかし，一般に，キャピラリー型のレオメータは測定準備が難しかったり，測定後のセルの洗浄も面倒で，できれば使用したくない装置です．ところが，いろいろと検討を行ううちに，キャピラリー型のレオメータを使った検証を行わなくても判断できることがわかってきました．

メニスカスの影響が出ている場合は，測定結果に再現性がなく，測定を何度も行えば，データの正否を判断することができます．また，このメニスカスの影響は，動的粘弾性測定において弾性項の存在として観測されることがありますが，その場合には，粘性率のずり速度依存性データも考慮し，矛盾があるかないかで真偽を判断できます．粘性率測定の結果がニュートン液体という結果であれば，弾性項が見えるのはおかしいことになります．

動的粘弾性測定においても注意すべき点が二つあります．一つは複素弾性率 G^* の歪み γ 依存性の低歪み域のデータです．検出トルク値としては装置のスペック内にあったとしても，図 3.5 の市販のスキンクリームの測定結果例で示すように，低歪み域のデータがおかしいケースによく直面します．デー

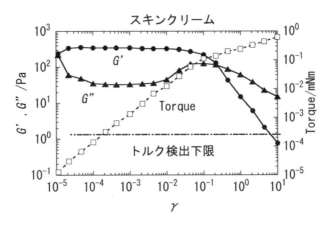

図 3.5　貯蔵弾性率 G', 損失弾性率 G'' の歪み依存性データの解釈時の注意点

タがおかしい理由は，線形歪み域にあるにも関わらず，歪み依存性があるようなデータであるということです．線形歪み域にも関わらず，貯蔵弾性率 G' 値が低歪み側へ向けて低下することはあり得なく，データがおかしいことに気づくことになります．原因としては，検出されている応力の正弦波のシグナルに対するノイズレベルが高くなり正弦波の波形が歪むために，位相差の検出に不具合が生じるためではないかと思っています．

　もう一つは，ほとんどの場合に，複素弾性率 G^* の角周波数 ω 依存性の高角周波数域に異常なデータが見られることです．図 3.6 の 0.4 mass% の高分子水溶液の結果のように，高角周波数側へ向けて貯蔵弾性率 G' 値が低下するような結果が多く見られます．G' については角周波数の増加に伴い低下することはあり得ませんし，他の粘弾性パラメータのこの領域の角周波数依存性挙動も変化が不連続的で不自然です．この現象は回転型レオメータにつきまとう宿命で，測定サンプルに加わる正弦変位の波長に比べて，測定サンプル厚みが十分小さいという要請に対して，高角周波数域ではこの要請を満たさなくなることが原因のようです[9]．なお，図中のシリコーンガムの場合のように，高角周波数域まできれいに測定できる場合もあります．経験的に，G^* 値が低いものの方が高角周波数域での異常が出やすいようです．

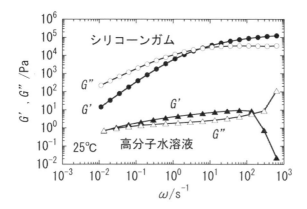

図 3.6 貯蔵弾性率 G', 損失弾性率 G'' の角周波数 ω 依存性データの解釈時の注意点

3-4 測定目的と測定サンプルの取り扱い

　レオロジー測定を行うに際しては，先ず，どのような情報を知りたいから測定を行うのかを十分考える必要があります．2-1-3 のレオメータを使った感触の計測の項で述べたように，目的に合った測定を行わないと，必要な情報が得られないばかりか，場合によっては誤った情報が得られることもあります．注意するべきことは，測定時のサンプルの状態が知りたい情報を与える状態にあるかどうかと，目的に合った測定モードで測定しているかという二点です．

　レオロジー測定に際しては，測定サンプルを測定セル内にセット（充填）する必要があります．この過程を少し考えてみましょう．例えば，化粧品の一部を化粧品容器から取り出し，それを測定セルにセットするとしましょう．化粧品容器中では静置状態にあったものが，容器からの取り出し過程で変形→破壊・流動を受け，セルへの充填時にさらなる破壊・流動を受けます．つまり，測定セルへのセットが完了した時点では，化粧品の構造状態は静置状態とは異なる状態にあることになります．もし，知りたいレオロジー情報が静置状態のものであるならば，サンプルの静置構造を可能な限り壊さないよ

うにして測定セル部へサンプルをセットするか，セット後に十分な構造回復時間を設けた後に測定を開始する必要があります．

一方，化粧品の破壊・流動時の情報を知りたいのであれば，測定セルにセットして直ちに測定を行うか，あるいは非線形歪み域になるような動的歪みを測定サンプルに加えたり，定常流動を加えたりした後に測定を行えばよいことになります．

前述のように，レオメータセルへのセット操作によりサンプルの状態は静置状態とは異なる状態になります．静置状態での情報を得るには，十分に構造回復させてから測定を行う必要があります．構造回復に要する時間は，サンプルが有する運動モードのうちの最も遅い運動モードの緩和時間（最長緩和時間）により支配されます．この最長緩和時間が短いものでは，実は，それほどこの問題に気をつかわなくても大丈夫です．通常，測定サンプルをセルにセットした後，測定サンプルの温度調節のため，測定を始める前に4分間程度の待ち時間を設けています．最長緩和時間が短いものでは，この間に十分に構造回復が生じます．しかし，クリームのようなサンプルでは最長緩和時間が長く，すぐには構造は回復しません．通常，筆者は測定セルへサンプルをセットした後に 30 分程度の待ち時間を設けてレオロジー測定を行っています．

最長緩和時間は基本レオロジー測定の複素弾性率 G^* の角周波数依存性より知ることができますが，サンプルによっては，緩和時間分布があったり，測定角周波数範囲に収まらないような長さのものもあります．測定開始前の待ち時間があまりに長いと仕事の効率が悪くなり，どこかで妥協をする必要があります．こんな場合，次のような測定を行うと（図 3.7 の上図），必要な待ち時間を容易に求めることができます．図は粘土鉱物水溶液での測定例を示します．

サンプルを測定セルにセット後，最初に定常流動を加え（この例では，$300 s^{-1}/4 min$），次に，複素弾性率 G^* の時間変化を測定します（角周波数 $12.6 s^{-1}$，歪み 0.001）．一般的に，構造の回復に伴い貯蔵弾性率 G' は増加し，損失正接 $tan\delta$ は低下していくのが観測されます．図では，構造回復に伴う G' の時間変化を示しますが，3000 秒程度経過した時点でも G' 値の増加は完全

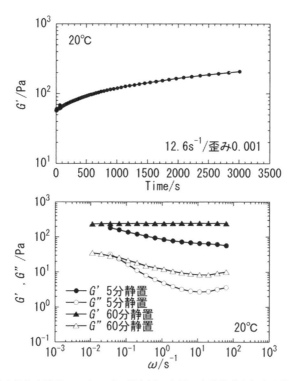

図 3.7 粘土鉱物水溶液のレオロジー測定例．上図：定常流動を加えた後の回復挙動の測定，下図：貯蔵弾性率 G'，損失弾性率 G'' の角周波数 ω 依存性に及ぼす測定待ち時間の影響

に終わってはいないことがわかります．G' の時間変化の様子より，このサンプルでは 1 時間程度より長くおけば，おおよそ構造は回復するということがわかります．

図 3.7 の下図では，測定セルにサンプルをセットした後の待ち時間の違いが複素弾性率 G^* の角周波数 ω 依存性にどのように影響するかを示しています．応力制御型のレオメータでは，高角周波数側から測定を開始した方が測定が順調に行えることと，動的粘弾性測定では少なくとも 2 周期分の正弦波を測定サンプルに加えて測定を行う必要があることにより，低角周波数域のデータが出揃うまでには少なくとも 30 分はかかります．図の静置時間が 5 分の測定結果では，測定の途中で構造回復に伴う影響が生じているため，低

角周波数側の方が大きな貯蔵弾性率 G' 値が計測されてしまいました．一方，図中の十分な待ち時間（静置時間 60 分）をとった場合の測定結果では，測定開始時に構造回復が終了していることより，高角周波数域から高い G' が測定され，低角周波数域へ向かって G' が増えるといった奇妙な結果にはなりませんでした．

3-5 サンドブラスト処理セル使用の必要性

測定上の注意点として，最後に，もう一つ紹介しましょう．この現象については，測定サンプルの線形歪みを小さめに見積もったり，サンプル中に存在する構造の解釈を間違える危険性があり，一時期，詳細に検討したことがあります．化粧品に多い製剤形である乳化物，分散物および液滴と固体粒子が分散した乳化・分散物のような，液体中に他の液体や固体が分散した系で直面する問題です．

発端は水と油と活性剤のみからなるモデル O/W エマルションのレオロジー特性に及ぼす内相（ここでは，油相）濃度の影響を調べた時です．粘性率 η のずり速度 $d\gamma/dt$ 依存性データに違和感を感じ詳細に調べました．図 3.8 に発端となった結果を示します．図の上図は η のずり速度依存性の 1 段階目の結果で，下図は η の算出に使われる元データである応力 σ のずり速度依存性です．上図の結果から，内相濃度が低い場合には，η はずり速度の増加に伴い減少する，ずり軟化挙動を示しました．しかしながら，内相濃度が高くなると，ずり軟化挙動を示しますが，ずり速度 $1s^{-1}$ 付近にショルダーが見られるようになりました．このショルダーの存在は，ずり流動がサンプルに加わるに伴い，測定サンプルの構造が 2 段階的に壊れることを意味し，サンプル中に 2 種類の構造ユニットがあることを示唆しました．

ただ，これまでのいろいろなサンプルの粘性率 η のずり速度 $d\gamma/dt$ 依存性を測定してきた経験で，実は，η のずり速度依存性曲線のずり速度 $1s^{-1}$ 付近に，ショルダーが見られることが多くありました．そこで，これが測定したサンプルの物性なのか，それとも測定上の何らかの原因でこのようなショルダーを示すのかを確認することにしました．なお，このショルダーの存在は図

第 3 章 使えるレオロジーデータを得るために *141*

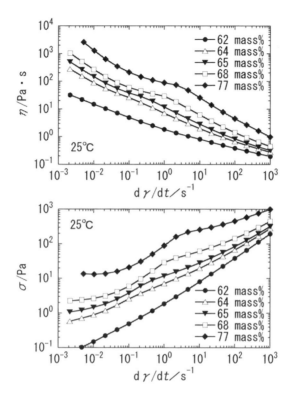

図 3.8 モデルエマルションの粘性率 η（上図），応力 σ（下図）のずり速度 $d\gamma/dt$ 依存性

3.8 の下図のずり応力 σ のずり速度依存性プロットにおいては，応力のステップ的な増加として観測でき，縦軸を η でプロットする場合より，現象の存在の有無が確認しやすいことに気づきました．以下，現象の詳細を検討した結果の説明に際しては，ずり応力 σ のずり速度依存性という形で η のずり速度依存性の測定結果を示します．

　レオロジー測定において最も注意すべき点は，サンプルがセル表面で滑っていないかです．滑りの有無の確認法の一つとして，サンプル厚みを変えて測定しても測定結果が変化しないかどうかです．そこで，問題の現象がサンプル厚みを変えたらどのように計測されるかを調べてみました．

測定時のサンプル厚みを変える必要があることより，セル中の半径位置によらない一定のずり速度で測定が行えるという特徴を有する円錐-円板セルは使えません．セルの最外周部でのずり速度に比べて，その内周部でのずり速度値が小さくなるという欠点はあるのですが，注目している現象は観測できると考え，測定セルとしては図 3.8 の結果も含め円板-円板セルを用いました．油相濃度 77 mass%の O/W モデルエマルションを用いて，直径 25 mm の円板-円板セルを用い，0.9 mm，0.6 mm，0.3 mm の 3 種類のサンプル厚みで，粘性率のずり速度依存性を測定してみました．図 3.9 に結果を示します．

上図は得られた結果を，縦軸をずり応力 σ とし，横軸をずり速度 $d\gamma/dt$ にしたプロットです．下図は，縦軸を σ とし，横軸をセルの回転数としてプロッ

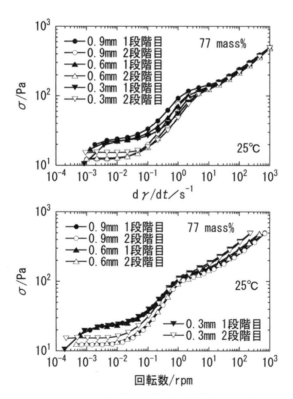

図 3.9 モデルエマルションの応力 σ のずり速度依存性に及ぼすサンプル厚みの影響．上図：横軸をずり速度で表示，下図：横軸を回転数で表示

トしたものです．上図の結果より，本現象に関係する応力のステップ状の増加が生じるずり速度が，サンプル厚みを薄くすると高ずり速度側へシフトすることがわかります．一方，下図の結果からは，サンプル厚みには依存せず，同一の回転数で応力のステップ状の増加が見られることがわかりました．

　もしこの現象がサンプルの物性を反映したものであれば，サンプル厚みを変化させても同一のずり速度 $d\gamma/dt$ で注目している現象が観測されるはずです．しかしながら，観測された結果は，サンプル厚みを変えるとステップ状の応力 σ 変化が見られるずり速度が変化していました．この結果は，本現象が測定サンプルのレオロジー特性の違いを反映したものではなく，セル／サンプル界面が関係した現象を反映したものであることを示唆しました．なお，1 段階目の低ずり速度域でずり応力がずり速度とともに増える領域がありますが，これは 1-2-5 項に述べたようにずり流動が定常流動に達していないためです．

　次に，本現象がセル／サンプル界面での滑りの結果生じている可能性もあると考え，滑りを抑制すべく，表面を粗面化（サンドブラスト処理，中心線表面粗さ Ra=5.5μm）したセルを使っての測定を行いました．図 3.10 に 3 種類のサンプル厚みについて，通常セルと粗面化処理を施したセルを使った場合の油相濃度 77 mass% の O/W モデルエマルションについての測定結果を示します．サンプル厚みの違いに関わらず，粗面化処理を施したセルを使った場合，応力 σ のステップ的な増加は見えなくなりました．また，高ずり速度 $d\gamma/dt$ 域の応力値はセル表面粗さとは無関係に一致しました．

　以上より，本現象は，セル／サンプル界面が関係したものであることがわかりました．また，この現象は低ずり速度域のみで見られることより，セル／サンプル界面の滑り現象でもなさそうでした．本現象が，セル／サンプル界面に液体層を形成しやすいサンプルで顕著に生じることより，セル／サンプル界面に液体リッチな層が形成され，それが測定結果に影響を及ぼすのではと推定しています．なお，ここでは η のずり速度依存性を例に記しましたが，本現象の影響は複素弾性率 G^* の歪み γ 依存性測定でも見られ，データの解釈に際して注意が必要です．図 3.11 に化粧クリームでの測定例を示しますが，線形歪みが短く観測されたり，損失正接 $\tan\delta$ の歪み依存性曲線に極大が

あるように観測されたりします.

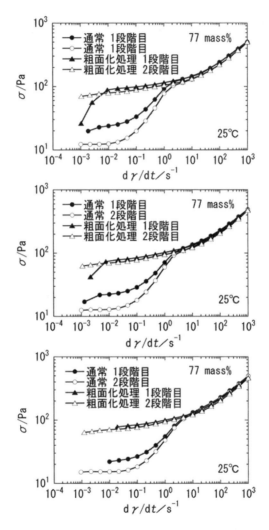

図3.10 モデルエマルションの粘性率 η のずり速度 $d\gamma/dt$ 依存性に及ぼすセル表面粗さの影響. 上図：0.9 mm, 中図：0.6 mm, 下図：0.3 mm

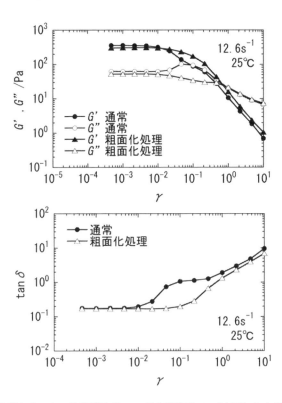

図3.11 化粧クリームの貯蔵弾性率 G'，損失弾性率 G''（上図）および損失正接 $\tan\delta$（下図）の歪み γ 依存性に及ぼすセル表面粗さの影響

引用文献

1) 尾崎邦宏：レオロジーの世界，森北出版，pp.82-86（2011）
2) 大本俊郎：日本清涼飲料水研究会「第17回研究発表会」講演集，57-66 (2007)
3) 名畑嘉之：表面, **46**, 37-48 (2008)
4) 名畑嘉之，鈴木幸一郎，吉田健介，並木伸郎，柴田雅史：Nihon Rheoroji Gakkaishi, **35**, 79-84 (2007)
5) 小池徹：Fragrance Journal, **12**, 33-38 (2009)
6) 石川和宏，名畑嘉之：Fragrance Journal, **9**, 29-34 (2011)
7) 尾崎邦宏：レオロジーの世界，森北出版，p.93 (2011)
8) M. T. Johnston, R. H. Ewoldt：J. Rheol., **57**, 1515-1532 (2013)
9) 堀米操，松本広臣：DIC Technical Review, No.7, 51-55 (2001)

参考図書

レオロジー全般の入門書として，
　・村上謙吉：やさしいレオロジー（産業図書）
　・中川鶴太郎：岩波全書　レオロジー（岩波書店）
ある程度レオロジーを学んでから手元におきたい本として，
　・尾崎邦宏：レオロジーの世界（森北出版）
化粧品レオロジーを扱う際に役立つ本として，
　・尾崎邦宏：レオロジーの世界（森北出版）
　・松本孝芳：分散系のレオロジー（高分子刊行会）
　・松本孝芳：コロイド化学のためのレオロジー（丸善）
　・R. G. Larson：The Structure and Rheology of Complex Fluids (Oxford University Press)
様々な分野でのレオロジー研究の参考として，
　・中江利昭 監修：レオロジー工学とその応用技術（フジテクノシステム）

おわりに

　浅学の身でありながら，化粧品開発におけるレオロジー手法の可能性の大きさに期待する者として本書を執筆しました．本書が，レオロジーのやさしい入門書を兼ねた化粧品レオロジーへの導入となっていれば幸いです．本書の特徴は第2章と第3章にあると考えています．第2章の前半の化粧品性能への応用については，レオロジーの基礎を身につければ，後は，実践の積み重ねで測定・解析の実力が養えると考えています．第2章の後半については，構造がわかったモデル物質の様々なレオロジーデータを蓄積し，それらとの比較から化粧品のマクロ構造を把握できるようになると考えています．その際，本文中でも述べましたように，実験面でも理論面でも進んでいる高分子レオロジーの知見がとても参考になるはずです．筆者の経験より，高分子レオロジーの本を参照しながら，先ずは，高分子溶液の溶質濃度を変化させた時に基本レオロジー特性がどのように変化するかを身をもって体験されるのが良いと考えます．

　本書が「化粧品のレオロジー」と題しながら，読者の皆さんが知りたいと思われる，各製品の配合処方や製造プロセスとレオロジーとの関係や各増粘技術のレオロジー的な特徴などの記載がほとんどない点はご勘弁願います．これらについては，筆者が企業研究者であることや，まだまだ一般論として公表できるレベルに達しきれていないこともあり，記すことはできませんでした．いずれ，機会があればと思っています．レオロジーは本で学ぶというよりは，実践で身につける方が早道の学問・手法と考えています．化粧品分野へのレオロジーの応用はこれからで，読者の皆さんがレオロジーに興味を持たれ，一人でも多くの方が化粧品へのレオロジーの応用を実践されることを期待しています．

　2015年3月

　　　　　　　　　　　　　　　　　　　　　　　　　　　　名畑嘉之

事項索引

【あ行】

アモルファス固体　46
アモルファス相　125
泡　18

位相　25
位相差　24

液体　2
SI単位系　20
X線　56
エネルギー緩和　19
エネルギーの損失　9,11
エネルギーの貯蔵　9
エマルション　18
円錐-円板セル　23

オイラーの式　35
応力　4
応力緩和　17
応力制御型レオメータ　23,129
温度依存性　125

【か行】

回転型レオメータ　22
外部応力　5
界面活性剤　18
角周波数　27
角周波数依存性　44
加法定理　29

ガラス-ゴム転移領域　47
ガラス領域　46
絡み合い　110
干渉現象　56
官能評価　68
緩和時間　17
緩和モード　19,32

凝集性　51
虚数単位　30

口紅　93
口紅の感触　96

化粧品　1
化粧品容器　59
結晶性固体　46
結晶相　125
懸濁液　18

高分子　7
高分子糸まり　109
高分子鎖　110
高分子ラテックス　113
高分子レオロジー　104
コーン-プレートセル　23
こくがある　73
固体　2
コックス-メルツ則　111
ゴム領域　46

【さ行】

最長緩和時間 138
サスペンション 18
作用反作用の法則 4,5
さらっとした 73
サンドブラスト処理 51
三平方の定理 31

ジーダブルプライム 32
ジープライム 32
示差走査熱量計 127
しっとり感 99
シャーレ法 95
周期 26
使用感触 67
常用対数 38
シリコーンガム 12
シリコーンゴム 12
親水部 18
伸張変形 13
振動数 26
振幅 26
親油部 18

ずり速度依存性 49
ずり軟化 50
ずり変形 3

正弦波 24
線形歪み 42

相転移 124
増粘剤 119
疎水部 18
損失弾性率 31

【た行】

対数 38
ダッシュポット要素 14
弾性体 8
弾性率 8

貯蔵弾性率 31

手触り感触 67
電気双極子 57

動的粘弾性 24
塗布感触 71
塗布の軽さ 71

【な行】

内部応力 4
流れやすさ 62

乳化 18
乳化物 18
乳濁液 18
ニュートン液体 10
ニュートンの法則 10

ぬるつきのなさ 80

ネイピア数 17
粘性変形 19
粘性率 10
粘性流動 10
粘弾性体 12
粘弾性変形 19

のびのなめらかさ 98

【は行】

バネ　7
バネ要素　13

非晶相　125
歪み　4
歪み依存性　41
歪み制御型レオメータ　23,129
歪み速度　4
ひも状ミセル　120

複素数　30
複素弾性率　31,111
複素平面　30
フック弾性体　8
フックの法則　8
物質の三態　125
ブラウン運動　48
フラワーミセル　121
分散　18
分散質　18
分散相　18
分散媒　18
分散物　18

べたつきのなさ　82,89
変形　3
変形モード　9
変形様式　9

法線応力　90
保存安定性　65
ポリアクリル酸ナトリウム　109
ポリジメチルシロキサン　7

【ま行】

マクスウェルモデル　15
マクロブラウン運動　48

見かけの貯蔵弾性率　72
ミクロブラウン運動　48

メニスカス　133

【や行】

誘電緩和法　57

【ら行】

理想弾性変形　12
理想粘性変形　12
流動　3
流動域　47
両対数グラフ　38
両対数プロット　38

レオメータ　3
レオロジー　3

【わ行】

ワイセンベルグ効果　90

名畑嘉之

1984年3月京都大学大学院理学研究科博士後期課程化学専攻を単位取得退学．
同年4月花王石鹸株式会社（現花王株式会社）入社，2014年11月同退社，
同年12月同シニアパートナー（花王在職中1988年8月から1990年9月新
技術開発事業団黒田固体表面プロジェクトへ出向），現在に至る．博士（理学）
（1991年取得）

化粧品のレオロジー

2015年5月15日　初　版

著　者 ………………… 名　畑　嘉　之
発行者 ………………… 米　田　忠　史
発行所 ………………… 米　田　出　版
　　　　　　　　〒272-0103　千葉県市川市本行徳31-5
　　　　　　　　電話　047-356-8594
発売所 ………………… 産業図書株式会社
　　　　　　　　〒102-0072　東京都千代田区飯田橋2-11-3
　　　　　　　　電話　03-3261-7821

Ⓒ　Yoshiyuki Nabata　2015　　　　　中央印刷・山崎製本所

・JCOPY ＜出版者著作権管理機構　委託出版物＞
本書の無断複製は著作権法上での例外を除き禁じられています．複製される
場合は，そのつど事前に，出版者著作権管理機構（電話 03-3513-6969, FAX
03-3513-6979，e-mail : info@jcopy.or.jp）の許諾を得てください．

ISBN978-4-946553-61-5　C3043